"双高建设"新型一体化教材

固体废物处理与处置技术

The Technology of Solid Waste Treatment and Disposal

主　编　谢磊磊　余良谋

副主编　朱晓敏　江　熙　周文亚

　　　　王　琳　宋翠欣

U0314687

北　京

冶金工业出版社

2023

内 容 提 要

本书系统介绍了固体废物的概念、来源、分类、特征、危害和固体废物的管理制度，常用的处理、处置技术以及相应的固体废物资源化技术。

本书共分为6章，第1章概论，第2章生活垃圾的处理与处置，第3章工业固体废物的处理与处置，第4章农业固体废物的处理与处置，第5章危险废物的处理与处置和第6章固体废物的监测。

本书可供高职高专院校环境类专业教学使用，也可供科研院所相关专业的研究人员参考阅读。

图书在版编目（CIP）数据

固体废物处理与处置技术／谢磊磊，余良谋主编 . —北京：冶金工业出版社，2023.3

"双高建设"新型一体化教材

ISBN 978-7-5024-9389-9

Ⅰ.①固… Ⅱ.①谢… ②余… Ⅲ.①固体废物处理—高等学校—教材 Ⅳ.①X705

中国国家版本馆 CIP 数据核字（2023）第 024332 号

固体废物处理与处置技术

出版发行	冶金工业出版社	电　　话	（010）64027926
地　　址	北京市东城区嵩祝院北巷 39 号	邮　　编	100009
网　　址	www.mip1953.com	电子信箱	service@ mip1953.com

责任编辑　杨盈园　美术编辑　彭子赫　版式设计　郑小利
责任校对　王永欣　责任印制　窦　唯
三河市双峰印刷装订有限公司印刷
2023 年 3 月第 1 版，2023 年 3 月第 1 次印刷
787mm×1092mm　1/16；12.5 印张；301 千字；190 页

定价 46.00 元

投稿电话　（010）64027932　投稿信箱　tougao@cnmip.com.cn
营销中心电话　（010）64044283
冶金工业出版社天猫旗舰店　yjgycbs.tmall.com
（本书如有印装质量问题，本社营销中心负责退换）

前　　言

随着我国经济的快速发展，能源和资源的消耗量不断增加，环境问题日益突出。特别是最近几年，由于固体废物的堆放处置不当引发的环境问题越来越多，固体废物的处理处置与利用引起了人们的关注。固体废物如果处理处置不当，可能对地表水、地下水、大气和土壤等产生影响，引发综合性的环境问题。

当前固体废物处理处置与利用在理论和技术上有了新的进步和发展。作者为了更好地反映这些新理论和新技术，也为了更好地适应高等职业教育教学需求，强化学生职业技能培训而编写了本书。本书适用于高水平应用型高职高专院校环境类专业一体化教学。

本书共分为6章，第1章概论，第2章生活垃圾的处理与处置，第3章工业固体废物的处理与处置，第4章农业固体废物的处理与处置，第5章危险废物的处理与处置，第6章固体废物的监测。

本书第1章和第4章由余良谋和周文亚编写，第2章和第5章由谢磊磊和王琳编写，第3章由朱晓敏和宋翠欣编写，第6章由江熙编写，谢磊磊完成统稿。

编者特别感谢云南协同环保工程有限公司和大理三峰再生能源发电有限公司对编写该教材的帮助。

由于编者水平所限，编写时间仓促，书中不足之处，恳请读者批评指正，以便进一步完善和提高。

编　者
2022 年 5 月

目　　录

1 概　　论

课前思考预习

1. 固体废物是指什么，包括哪些种类？
2. 城市生活垃圾是如何收集的，收集方式有哪些，试举 1~2 个例子。
3. 什么是危险废物，固体废物中哪些属于危险废物？
4. 固体废物对环境的危害表现有哪些？试结合实际举例说明。

1.1　固体废物的概念、来源、分类及特性

固体废物的
概念、来源、
分类及特性

1.1.1　固体废物的概念

根据我国 2020 年修订的《中华人民共和国固体废物污染环境防治法》（第二次修订）（以下简称《固废法》）中固体废物的解释可知，固体废物是指在生产、生活和其他活动中产生的，丧失原有利用价值或者虽未丧失利用价值但被抛弃或者放弃的固态、半固态和置于容器中的气态物品、物质以及法律、行政法规规定纳入固体废物管理的物品、物质。经无害化加工处理，并且符合强制性国家产品质量标准，不会危害公众健康和生态安全，或者根据固体废物鉴别标准和鉴别程序认定为不属于固体废物的除外。

从上述定义可知，固体废物主要来源于人类的生产、生活和其他活动。根据物质的形态划分，废物包括固态、半固态和置于容器中的气态废物。

1.1.2　固体废物的来源

固体废物的来源大致可分为两类：一是生产过程中所产生的固体废物，称为生产废物；另一类是在产品进入市场后在流通过程中使用和消费后产生的固体废物，称为生活废物。固体废物主要来源于人类的生产和消费活动，人们在开发资源和制造产品的过程中必然产生废物；任何产品经过使用和消耗后，最终将变成废物。

1.1.3　固体废物的分类

按照我国的《固废法》将固体废物分为工业固体废物、生活垃圾、建筑垃圾、农业固体废物和危险废物五类进行管理。本书主要对生活垃圾、工业固体废物、农业固体废物和危险废物进行讲解。

1.1.3.1　生活垃圾

《固废法》将生活垃圾定义为"在日常生活或者为日常生活提供服务的活动中产生的固体废物以及法律、行政法规规定视为生活垃圾的固体废物"。根据目前我国环卫部门的

工作范围，生活垃圾应该包括：居民生活垃圾、园林废物、机关单位排放的办公垃圾等。生活垃圾主要特点是有机物含量高，成分复杂。影响生活垃圾成分的主要因素有居民生活水平、生活习惯、季节、气候等。

1.1.3.2 工业固体废物

《固废法》将工业固体废物定义为"在工业生产活动中产生的固体废物"。工业固体废物主要产生于各个工业生产部门的生产和加工过程及流通中所产生的粉尘、渣、碎屑、污泥等。涉及的主要行业有冶金、石油、化工、煤炭、电力、机械加工、交通、轻工等。

1.1.3.3 建筑垃圾

《固废法》将建筑垃圾定义为"建设单位、施工单位新建、改建、扩建和拆除各类建筑物、构筑物、管网等，以及居民装饰装修房屋过程中产生的弃土、弃料和其他固体废物"。主要有废砖瓦、碎石、渣土、混凝土碎块等。

1.1.3.4 农业固体废物

《固废法》将农业固体废物定义为"在农业生产活动中产生的固体废物"。如植物秸秆、腐烂的蔬菜和水果、果树枝、落叶等植物废料，以及人和畜禽类粪便、农药、农用塑料薄膜等。

1.1.3.5 危险废物

《国家危险废物名录（2021版）》将危险废物定义为"列入国家危险废物名录或者根据国家规定的危险废物鉴别标准和鉴定方法认定的具有危险特性的废物"。危险废物通常具有毒性、易燃性、易爆性、腐蚀性、反应性、浸出毒性和感染性一种或几种。危险废物一般只占固体废物总量的10%左右，但对环境的污染严重，危害显著。因此，对它的严格管理具有特殊的意义。

1.1.4 固体废物的特性

固体废物具有"废物"和"资源"二重特性。它具有鲜明的时间和空间特征。

从时间方面讲，它仅仅相对于目前的科学技术和经济条件，随着科学技术的飞速发展，矿物资源的日趋枯竭，生物资源滞后于人类需求，昨天的废物势必又将成为明天的资源；从空间角度看，废物仅仅相对于某一过程或某一方面没有使用价值，而并非在一切过程或一切方面都没有使用价值，某一过程的废物，往往是另一过程的原料，所以固体废物又有二次资源、再生资源和放错地方的资源之称。

1.2 固体废物污染发展趋势

固体废物处理的问题从人类社会形成之初就已经存在。只不过在早期由于人口少、资源消耗低、环境的自净能力远远大于废物的污染负荷，其所造成的环境污染问题并没有呈现出来。到了近代，随着社会经济和工业生产的迅速发展，人们生活水平的提高，固体废物的环境污染问题日益突出、愈加严重，固体废物污染的控制问题已经成为我国环境保护领域面临的突出问题之一。

1.2.1 生活垃圾发展趋势

近年来，我国生活垃圾增长较快，2013～2019年我国生活垃圾产生量变化见表1-1。

根据《2020 年全国大、中城市固体废物污染环境防治年报》统计，2019 年，我国 196 个大、中城市生活垃圾产生量 23560.2 万吨，处理量 23487.2 万吨，处理率达 99.7%，主要方法是卫生填埋，其次是高温堆肥，焚烧占比较少。虽然处理率比较高，但大部分是卫生填埋。随着近些年来生活垃圾热值的提高以及一些大城市建设用地日趋紧张，没有地方兴建垃圾填埋厂，因此，垃圾焚烧在我国将会成为垃圾无害化处理的一个主要措施。

表 1-1　2013~2019 年我国生活垃圾产生量变化　　（亿吨）

年份	2013	2014	2015	2016	2017	2018	2019
产生量	1.68	1.62	1.86	1.89	2.02	2.11	2.36

1.2.2　工业固体废物发展趋势

随着我国国民经济的迅速发展、工业生产规模的不断扩大，工业固体废物的产量在逐年递减和控制，2013~2019 年我国工业固体废物产生量变化见表 1-2。根据《2020 年全国大、中城市固体废物污染环境防治年报》统计，2019 年，我国 196 个大、中城市一般工业固体废物产生量达 13.8 亿吨，综合利用量 8.5 亿吨，处置量 3.1 亿吨，贮存量 3.6 亿吨，倾倒丢弃量 4.2 万吨。一般工业固体废物综合利用量占利用处置及贮存总量的 55.9%，处置和贮存分别占 20.4% 和 23.6%，综合利用仍然是处理一般工业固体废物的主要途径，部分城市对历史堆存的一般工业固体废物进行了有效的利用和处置。

表 1-2　2013~2019 年我国工业固体废物产生量变化　　（亿吨）

年份	2013	2014	2015	2016	2017	2018	2019
产生量	23.83	19.2	19.1	14.8	13.1	15.5	13.8

1.2.3　农业固体废物发展趋势

我国是农业大国，各类农业废弃物的年总产量达 7 亿吨以上，主要有水稻、玉米和小麦秸秆、玉米芯、稻壳、花生壳、甘蔗渣、废弃瓜果壳、果核等。农业废弃物传统的利用方式中，有约 32% 用于牲畜饲料，18% 左右作为生活燃料，16% 左右用于造肥还田，2% 左右作为工业原料，3% 左右用于食用菌基料，剩余的绝大多数是作为废弃物抛弃或通过焚烧加以处理。

1.2.4　危险废物发展趋势

我国产生量最大的危险废物为废碱溶液或固态碱、废酸或固体酸、无机氟化合物、含铜废物和无机氰化合物废物。产生危险废物的主要行业有化学原料及化学制品制造业、有色金属矿采选业、有色金属冶炼及延压加工业、造纸及纸制品业和电器机械及器材制造业。我国对危险废物加强了管理，危险废物的产生量逐年增加，2013~2019 年我国危险废物产生量变化见表 1-3。根据《2020 年全国大、中城市固体废物污染环境防治年报》统计，2019 年，我国 196 个大、中城市工业危险废物产生量达 4498.9 万吨，综合利用量 2491.8 万吨，处置量 2027.8 万吨，贮存量 756.1 万吨。工业危险废物综合利用量占利用处置及贮存总量的 47.2%，处置量、贮存量分别占 38.5% 和 14.3%，综合利用和处置是处理工业危险废物的主要途径，部分城市对历史堆存的危险废物进行了有效的利用和处置。

表 1-3　2013~2019 年我国危险废物产生量变化　　　　　　　　（万吨）

年份	2013	2014	2015	2016	2017	2018	2019
产生量	1589.02	2336.7	2801.8	3344.6	4010.1	4643.0	4408.9

1.3　固体废物的危害

固体废物成分复杂，含有大量有毒有害的成分，处理处置不当对人类环境的危害极大，其对环境的危害主要包括水体、大气、土壤 3 个方面，固体废物中化学物质致人疾病的途径，如图 1-1 所示。

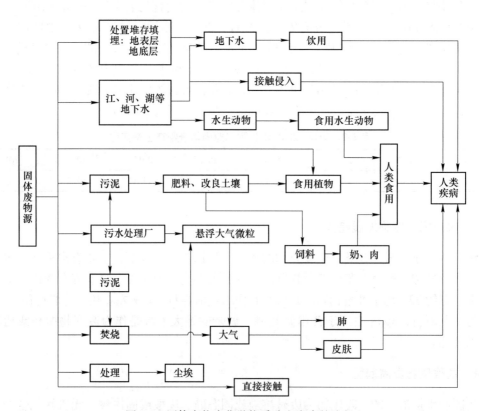

图 1-1　固体废物中化学物质致人疾病的途径

1.3.1　固体废物对水体的污染

固体废物对水体的污染途径有直接污染和间接污染两种。直接污染是把水体作为固体废物的接纳体，向水体直接倾倒废物，从而导致水体的直接污染；间接污染是固体废物在堆积过程中，经过自身分解和雨水浸淋产生的渗滤液注入河流、湖泊和渗入地下水，导致地表和地下水的污染。

固体废物进入水体影响水生生物的繁殖和水资源的利用，甚至会造成一定水域生物死亡。堆积的废物或垃圾填埋场等经雨浸淋，其浸出液和滤液也会污染地表水体，影响水生生物和动植物的生长，降低水质和使用价值，甚至渗入地下含水层而导致地下水的污染。其污染物质主要包括有机污染物、重金属和其他有毒物质。例如哈尔滨市韩家洼子垃圾填埋场，地下色度和锰、铁、酚、汞含量及细菌总数、大肠杆菌数都超过标准许多倍，锰含量超标 3 倍，汞含量超标 29 倍，细菌总数超标 4.3 倍，大肠杆菌数超标 41 倍。贵阳市 2 个垃圾堆场使其邻近的饮用水源大肠杆菌数超过国家标准 70 倍以上，为此，该市政府拨款 20 万元治理，并关闭了这 2 个堆场。

1.3.2　固体废物对大气的污染

固体废物在堆存和处理处置过程中会产生有害气体，如不加以妥善处理，将对大气环境造成不同程度的影响。一方面，堆放的固体废物中的细微颗粒、粉尘等可随风飞扬，从而对大气环境造成污染。据研究表明：当风力在 4 级以上时，粉煤灰或尾矿堆表层的 1～1.5cm 以上的粉末将出现剥离，其飘扬的高度可达 20～50m 以上。另一方面，一些腐败的废物散发腥臭味，造成对大气环境的污染。

1.3.3　固体废物对土地的污染

1.3.3.1　侵占土地

固体废物产生以后，需占地堆放，堆积量越大，占地越多。据估算，每堆积 1 万吨废渣，需占地 666.6m²。目前我国堆积的固体废弃物占地超过 $5 \times 10^8 \text{m}^2$，导致可利用的土地资源减少，我国许多城市利用周围郊区设置垃圾堆场，例如，根据北京市高空远红外探测的结果显示，北京市区几乎被环状的垃圾群包围，同时垃圾占用了大量的农田。

1.3.3.2　破坏土壤结构

固体废弃物经雨雪浸湿后渗出的有毒物质进入土壤会杀死土壤中微生物而破坏其生态平衡，改变土壤结构和土质，影响土壤中微生物的活动，妨碍植物生长，同时有毒物质也能够通过在农作物中富集最终经食物链进入人体而危害人类健康。

1.4　固体废物处理与处置方法

1.4.1　固体废物的处理方法

固体废物处理是指通过采用一定的技术手段，将固体废物转化为适于运输、贮存、利用或处置物料的过程。处理方法有物理处理、化学处理、生物处理、热处理和固化处理。

1.4.1.1　物理处理

物理处理是通过浓缩或相变化改变固体废物结构，但不破坏固体废物组成的一种处理方法，包括压实、破碎、筛分、分选、脱水、蒸发、萃取、吸附等工序，主要作为资源化的预处理技术。

1.4.1.2 化学处理

化学处理是利用化学方法使固体废物发生化学转化，从而回收物质和能源的一种资源化方法。化学处理方法包括氧化、还原、中和、化学沉淀和化学溶出等。由于化学反应条件复杂，影响因素较多，故化学处理方法通常只用在所含成分单一或所含几种化学成分特性相似的废物资源化方面。

1.4.1.3 生物处理

生物处理是微生物分解固体废物中可降解的有机物，从而达到无害化或综合利用的一种处理方法。固体废物经过生物处理，在容积、形态、组成等方面均发生重大变化因而便于运输贮存、利用和处置。生物处理包括好氧处理、厌氧处理和兼性厌氧处理。与化学处理方法相比，生物处理在经济上一般比较便宜，应用也相对普遍，但处理过程所需的时间较长，处理效果有时不够稳定。

1.4.1.4 热处理

热处理是通过高温破坏和改变固体废物的组成和结构，同时达到减量化、无害化和资源化的目的。热处理方法包括焚化、热解、湿式氧化以及焙烧、烧结等。

1.4.1.5 固化处理

固化处理是采用固化基材将废物固定或包覆起来以降低其对环境的危害，因而能较安全地运输和处置的一种处理过程。固化处理的对象主要是有害废物和放射性废物。由于处理过程需要加入较多的固化基材，因而固化体的容积远比原废物的容积大得多。

1.4.2 固体废物的处置方法

一些固体废物经过处理和利用，总还会有部分残渣存在，而且很难再加以利用，这些残渣可能又富集了大量有毒有害成分；还有些固体废物，目前尚无法利用，它们都将长期地保留在环境中，是一种潜在的污染源。固体废物的处置就是将这些可能对环境造成危害的固体污染物质放置在某些安全可靠的场所，以便最大限度地与生物圈隔离。

固体废物的处置可以分为海洋处置和陆地处置两大类。

1.4.2.1 海洋处置

海洋处置是基于海洋对固体废物进行处置的一种方法。海洋处置分为两种：一种是传统的海洋倾倒，另一种是近年发展起来的远洋焚烧。

A 海洋倾倒

海洋倾倒是将固体废物直接投入海洋的一种处置方法。其理论基础是海洋是一个庞大的废物接受体，对污染物有极大的稀释能力。尽管联合国对这种方法提出反对，但个别国家仍在使用，认为装在封闭容器中的有害废物，即使容器破损污染物质浸出，由于海水的自然稀释和扩散作用，也可使环境中的污染物质达到允许的程度。

进行海洋倾倒时，首先要根据有关法律规定，选择处置场地，然后再根据处置区的海洋学特性、海洋保护水质标准、处置废物的种类及倾倒方式进行技术可行性研究和经济分析，最后按照设计的倾倒方案进行投弃。对放射性废物及含重金属的有害废物，在倾倒前必须进行固化处理。

B 远洋焚烧

远洋焚烧是利用焚烧船在远海对固体废物进行处置的一种方法。适于处理各种含氯的有机废物。

海洋处置一定要遵守国际有关法律和国际性决议，在规定的海域内选择处置场地及允许的方式进行。我国政府已同意接受《关于海上处置放射性废物的决议》等国际性决议，从 1994 年 2 月 20 日起禁止在管辖海域处置一切放射性物质、工业废物和阴沟污泥等。

1.4.2.2 陆地处置

陆地处置是基于土地对固体废物进行处置的一种方法。根据废物的种类及其处置的地层位置（地上、地表、地下和深地层），陆地处置可以分为土地耕作、工程库或贮留池贮存、土地填埋、浅地层埋藏及深井灌注等。

1.5 固体废物的污染控制

1.5.1 固体废物的管理体系

该体系以环境保护主管部门为主，结合有关的工业主管部门以及城市建设主管部门，共同对固体废物实行全过程管理。固体废物的管理包括固体废物的产生、收集、运输、贮存、处理和最终处置等全过程的管理，即在每一个环节都将其当作污染源进行严格的控制。图 1-2 所示为固体废物管理过程。

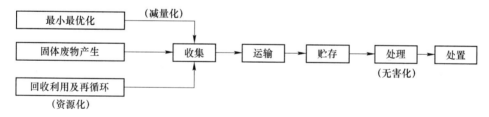

图 1-2 固体废物管理过程

1.5.2 固体废物的管理方法

我国固体废物的管理至少应包括以下两个方面：一是划分有害固体废物和非有害固体废物的种类和范围；二是完善《固体废物污染环境防治法》和加大执法力度。

1.5.2.1 建章立制，依法管理

A 我国的相关法律

我国全面开展环境立法的工作始于 20 世纪 70 年代末期。在 1978 年的宪法中，首次提出"国家保护环境和自然资源，防治污染和其他公害"的规定。1979 年公布了《中华人民共和国环境保护法》，这是我国环境保护的基本法，对我国环境保护工作起着重要的指导作用。此后，《水污染防治法》《大气污染防治法》等相继颁布。我国于 1985 年开始组织制定《中华人民共和国固体废物污染环境防治法》，历时 10 年，该法于 1995 年 10 月 3 日颁布，并于 1996 年 4 月 1 日正式实施。上述的环境立法，对促进和加强我国固体废物

的管理工作起着重要的作用。需要指出的是，由于我国对防治固体废物污染的立法起步较晚，法规、标准的数量有限，目前尚没有形成完整的法规体系，远远不能满足固体废物环境管理的需要，也限制了其他有关标准的制定。为此，2004年12月29日，第十届全国人民代表大会常务委员会第十三次会议通过了《中华人民共和国固体废物污染环境防治法》修订草案，修订后的《固体废物污染环境防治法》于2005年4月1日起施行。新修订的《固体废物污染环境防治法》确立了生产者延伸责任制度和固体废物污染损害赔偿的举证责任倒置制度等，并对产生工业固体废物设备的限期淘汰、危险废物利用的经营许可、农村固体废物污染防治等内容进行了修订。尽管如此，在固体废物污染防治法律法规的建设方面，仍有大量的工作要做，任重而道远。

B 国际相关规定——巴塞尔公约

近年来，危险废物的越境转移和处置已成为国际重大环境问题之一。为此，1989年3月，在瑞士巴塞尔召开了"控制危险废物越境转移及其处置全球公约"外交大会，并一致通过《控制危险废物越境转移及其处置巴塞尔公约》。公约由序言、29项条款和6个附件组成，内容包括公约的管理对象和范围、定义、一般义务、缔约国主管部门和联络的指定、缔约国之间危险废物越境转移的管理、非法运输的管制、缔约方的合作、秘书处的职能、解决争端的办法和公约本身的管理程序等。

C 我国的固体废物管理制度

根据我国国情，并借鉴国外的经验，《中华人民共和国固体废物污染环境防治法》制定了一些行之有效的管理制度。

a 分类管理体制

固体废物具有量多面广、成分复杂的特点，因此《中华人民共和国固体废物污染环境防治法》确立了对生活垃圾、工业固体废物和危险废物分别管理的原则，明确规定了主管部门和处置原则。

b 工业固体废物申报登记制度

为了使环境保护主管部门掌握工业固体废物和危险废物的种类、产生量、流向以及对环境的影响等情况，进而有效地防治工业固体废物和危险废物对环境的污染，《中华人民共和国固体废物污染环境防治法》要求实施工业固体废物和危险废物申报登记制度。

c 固体废物污染环境影响评价制度及其防治设施的"三同时"制度

环境影响评价和"三同时"制度是我国环境保护的基本制度，《中华人民共和国固体废物污染环境防治法》进一步重申了这一制度。

d 排污收费制度

排污收费制度也是我国环境保护的基本制度。但是，固体废物的排放与废水、废气的排放有着本质不同。废水、废气排放进入环境后，可以在自然中通过物理、化学、生物等多种途径进行稀释、降解，并有着明确的环境容量。而固体废物进入环境后，并没有被其形态相同的环境体接纳。固体废物对环境的污染是通过释放出的水和大气污染物进行的，而这一过程是长期的和复杂的，并且难以控制。因此，严格意义上讲，固体废物是严禁不经任何处置排入环境当中的。还应说明的是，任何单位都被禁止向环境排放固体废物。而固体废物排污费的缴纳，则是对那些在按照规定和环境保护标准建成工业固体废物贮存或者处置设施、场所，或者经过改造这些设施、场所达到环境保护标准之前的工业固体废物而言的。

e 限期治理制度

《中华人民共和国固体废物污染环境防治法》规定，没有建设工业固体废物贮存或者处理设施、场所，或者已建设但不符合环境保护规定的单位，必须限期建成或者改造。实行限期治理制度是为了解决重点污染源污染环境问题。对于排放或者处理不当的固体废物造成环境污染的企业者和责任者，实行限期治理，是有效地防治固体废物污染环境的措施。限期治理就是抓住重点污染源，集中有限人力、财力和物力，解决最突出的问题。如果限期内不能达到标准，就要采取经济手段以至停产。

f 进口废物审批制度

按《中华人民共和国固体废物污染环境防治法》规定，"禁止中国境外的固体废物进境倾倒、堆放、处置""禁止经中华人民共和国过境转移危险废物""国家禁止进口不能用做原料的固体废物、限制进口可以用做原料的固体废物"，为此，国家环保局与相关管理部门联合颁布了《废物进口环境保护管理暂行规定》以及《国家限制进口的可以用做原料的废物名录》。

g 危险废物行政代执行制度

因危险废物的有害特性，其产生后如不进行适当的处置而任由产生者向环境排放，则可能造成严重危害。因此，必须采取一切措施保障危险废物得到妥善的处理处置。为此，《中华人民共和国固体废物污染环境防治法》规定"产生危险废物的单位，必须按照国家有关规定处置；不处置的，由所在的县级以上地方人民政府环境保护行政主管部门责令限期改正；逾期不处置或者处置不符合国家有关规定的，由所在的县级以上地方人民政府环境保护主管部门指定单位按照国家有关规定代为处置，处置费由产生危险废物的单位承担"。

h 危险废物经营单位许可证制度

危险废物的危险特性决定并非任何单位和个人都能从事危险废物的收集、贮存、处理、处置等活动。从事危险废物的收集、贮存、处理、处置活动，必须既具备达到一定要求的设施、设备，又有相应的专业技术能力等条件。必须对从事这方面工作的企业和个人进行审批和技术培训，建立专门的管理机制和配套的管理程序。因此，对从事这一行业的单位的资质进行审查是非常必要的。

i 危险废物转移报告联单制度

危险废物转移报告联单制度的建立是为了保障危险废物运输安全以及防止危险废物的非法转移和非法处置，保证危险废物的安全监控，防止危险废物污染事故的发生。

我国固体废物环境管理法律法规体系，如图1-3所示。

1.5.2.2 危险废物特殊管理

A 特殊管理的必要性

危险废物在整个固体废物中，虽然占的比例较小（一般只占10%左右），但危害巨大。危险废物在工业生产、医疗、科学研究和生活办公过程中均有产生。工业生产中的危险废物，其成分比较简单且容易回收利用，一般都得到了资源化利用。应该指出的是，相

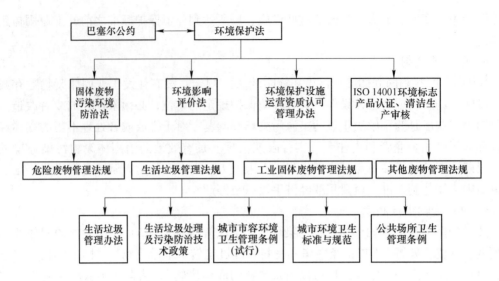

图 1-3　我国固体废物环境管理法律法规体系

当部分的危险废物由于其中还有可利用成分,被企业非法售卖,售卖后经简单处理用于农业和其他工业生产,实际上属于间接向环境排放;也有一些部门企业直接向环境排放危险废物。因此,必须强化对危险废物的管理。我国危险废物管理法规体系,如图 1-4 所示。

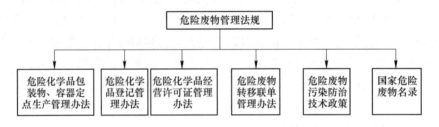

图 1-4　我国危险废物管理法规体系

B　危险废物的鉴别

a　名录法

名录法是根据经验与实验,将危险固体废物的品名列成一览表,将非危险固体废物列成排除表,用以表明某种固体废物属于危险固体废物或非危险固体废物,再由国家管理部门以立法形式予以公布。

b　鉴别法

鉴别法是在专门的立法中对危险废物的特性及其鉴别分析方法以"标准"的形式予以规制。依据鉴别分析方法,测定废物的特性,如易燃性、腐蚀性、反应性、放射性、浸出毒性以及其他毒性等,进而判定其属于危险固体废物或非危险固体废物,再由国家管理部门以立法形式予以公布。

根据 1998 年 1 月 4 日由国家环境保护局、国家经济贸易委员会、对外贸易经济合作部和公安部联合颁布,1998 年 7 月 1 日实施的《国家危险废物名录》,我国危险废物共分为 47 类。2021 年 1 月 1 日实施的《国家危险废物名录(2021 版)》将我国危险废物分为

50 类。同时国家制定了《危险废物鉴别标准》。国家规定："凡《国家危险废物名录（2021 版）》所列废物类别高于鉴别标准的属危险废物，列入国家危险废物管理范围；低于鉴别标准的，不列入国家危险废物管理范围。"目前我国已制定的《危险废物鉴别标准》中包括浸出毒性、急性毒性初筛和腐蚀性三类，其中浸出毒性主要为无机有毒物质鉴别标准，而有机有毒物质的浸出毒性鉴别标准以及反应性、易燃性和传染性鉴别标准尚未制定。

1.5.3 防治固体废物污染的基本对策

1.5.3.1 防治固体废物污染的战略

树立以可持续发展理念为核心的科学发展观，推行循环经济发展模式，构建节约型社会，实施"3C 战略"：避免产生（Clean）、综合利用（Cycle）、妥善处置（Control）。

循环经济是以可持续发展理念为核心并在其指导下，按照清洁生产的方式，对能源及其废物实行综合利用的生产活动过程。它要求把经济活动组成一个"资源—产品—再生资源"的反馈式流程。

1.5.3.2 战略基本点

A 改变污染控制战略，由末端控制转向前端控制

彻底摈弃"先污染后治理"的传统防治理念。尽最大努力避免或减少固体废物的产生；而对已产生的固体废物则尽最大可能综合利用；对那些无法利用的废物进行无害化处理处置，使其最终合理地还原于自然之中。

B 实施污染防治"三化"原则

我国的技术政策主要是"三化"，即减量化、无害化、资源化，并在相当长的时间内以无害化为主。而我国技术政策的发展趋势是：从无害化走向资源化，资源化是以无害化为前提的，无害化和减量化则应以资源化为条件。

减量化。减量化是指采取措施减少固体废物的产生量和排放量。由减量化的概念可以看出减量化分为两个层次，一是减少产生量，二是减少排放量。图 1-5 所示为固体废物减量化的途径。

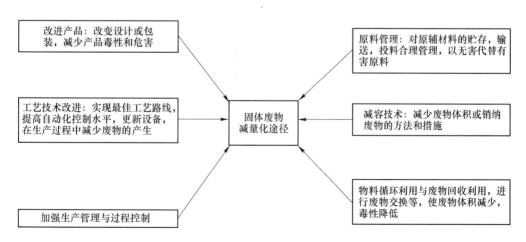

图 1-5 固体废物减量化途径

　　无害化。无害化是指对已产生但无法或暂时尚不能进行综合利用的固体废物,进行消除和降低环境危害的安全处理处置,以减轻这些固体废物的污染影响。无害化技术主要包括稳定化技术、固化技术和填埋处置技术。无害化技术主要针对危险废物而言,其中也包括生活垃圾中的特殊危险废物,危险废物不能或暂时不能资源化综合利用或减量化处置时,就要使用无害化技术使其稳定化并进行安全填埋,以保证环境和人类健康的安全。

　　资源化。资源化是指对已经产生的固体废物进行回收、加工、循环利用和其他再利用。大部分固体废物实际上是"被放错地方的资源",具有资源和能源利用的价值。例如高炉矿渣添加到水泥当中,可以提高水泥的抗溶出性及抗硫酸盐侵蚀的性能,故可适用于海上工程及地下工程等。

1.6　本 章 小 结

　　本章简要介绍固体废物的概念、来源、分类及其特性,说明了固体废物通过多种途径给人类生存环境带来的危害;介绍了我国固体废物管理体系和管理制度,提出了防治固体废物污染的基本对策,指出固体废物资源化是控制污染的最好途径。

思考练习题

1-1　名词解释
　　1. 固体废物
　　2. 工业固体废物
　　3. 生活垃圾
　　4. 建筑垃圾
　　5. 农业固体废物
　　6. 危险废物
1-2　根据《中华人民共和国固体废物污染环境防治法》的界定,如何区分固体废物、废水和废气?
1-3　简述固体废物的种类和组成。
1-4　如何理解固体废物的二重性,固体废物的污染与水污染、大气污染、噪声污染的区别是什么?
1-5　固体废物管理的目标及污染控制对策是什么,在整治固体废物方面应该做哪些努力?

2 生活垃圾的处理与处置

课前思考预习

1. 我们国家最早是在哪一年提出的垃圾分类收集的。
2. 说出你所在城市的垃圾是如何收集的，收集容器是什么。
3. 说出你所居住的小区垃圾清运时间在一年四季有什么区别，有什么规律。
4. 你观察过大家是如何丢垃圾的吗，哪些丢垃圾的行为习惯比较好。
5. 被人们丢掉的垃圾最终都去了哪里了。

2.1 概 述

2.1.1 生活垃圾处理与处置现状

根据《中华人民共和国固体废物污染环境防治法》中对生活垃圾的界定，生活垃圾是指"在日常生活或者为日常生活提供服务的活动中产生的固体废物以及法律、行政法规规定视为生活垃圾的固体废物"。

近 30 年来，我国城市的生活垃圾产生量大幅地增加，自 1979 年以来，中国的城市生活垃圾平均以 8.98% 的速度增长，少数城市如北京的增长速率达到 15%～20%。根据《2020 年全国大、中城市固体废物污染环境防治年报》显示，2019 年，我国 196 个大、中城市生活垃圾产生量 23560.2 万吨，处理量 23487.2 万吨，处理率达 99.7%。2019 年各省（市、自治区）大、中城市发布的生活垃圾产生情况如图 2-1 所示。

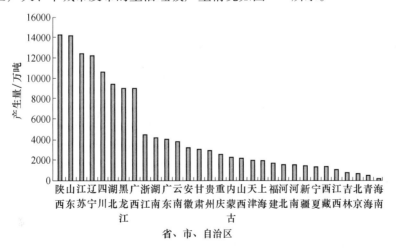

图 2-1　2019 年各省（市、自治区）城市生活垃圾产生情况

2019 年 196 个大、中城市中，城市生活垃圾产生量居前 10 位的城市见表 2-1。城市生活垃圾产生量最大的是上海市，产生量为 1076.8 万吨，其次是北京、广州、重庆和深圳，产生量分别为 1011.2 万吨、808.8 万吨、738.1 万吨和 712.4 万吨。前 10 位城市产生的城市生活垃圾总量为 6987.1 万吨，占全部信息发布城市产生总量的 29.7%。2009 ~ 2019 年重点城市及规模城市的生活垃圾产生及处理情况，如图 2-2 所示。

表 2-1　2019 年生活垃圾产生量排名前十的城市

序　号	城市名称	产生量/万吨
1	四川省攀枝花市	6283.7
2	辽宁省辽阳市	5037.6
3	广西壮族自治区百色市	4196.6
4	陕西省榆林市	4113.5
5	云南省昆明市	3674.8
6	山西省太原市	2901.9
7	辽宁省本溪市	2866.3
8	山东省烟台市	2852.5
9	江苏省苏州市	2763.7
10	陕西省安康市	2678.7
合计		37369.3

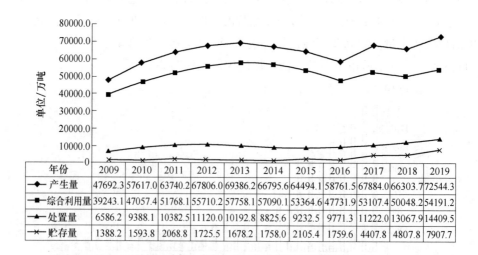

年份	2009	2010	2011	2012	2013	2014	2015	2016	2017	2018	2019
产生量	47692.3	57617.0	63740.2	67806.0	69386.2	66795.6	64494.1	58761.5	67884.0	66303.7	72544.3
综合利用量	39243.1	47057.4	51768.1	55710.2	57758.1	57090.1	53364.6	47731.9	53107.4	50048.2	54191.2
处置量	6586.2	9388.1	10382.5	11120.0	10192.8	8825.6	9232.5	9771.3	11222.0	13067.9	14409.5
贮存量	1388.2	1593.8	2068.8	1725.5	1678.2	1758.0	2105.4	1759.6	4407.8	4807.8	7907.7

图 2-2　2009 ~ 2019 年重点城市及规模城市的生活垃圾产生及处理情况

2.1.2　现有生活垃圾处理和处置技术发展趋势

根据《中国城市统计年鉴（2020）》，内地设市城市共计 656 个，各类生活垃圾处理设施 1287 座，其中填埋场 644 座，焚烧厂 463 座，其他处理设施 180 座；卫生填埋能力为 337848.11t/d，垃圾焚烧处理能力 567804.44t/d，其他无害化处理能力 57807.6t/d。

随着我国工业化和城市化的逐步推进，生活垃圾问题越来越受到人们的关注。当前，我国生活垃圾每年产生量接近 $2×10^8$ t，平均每人每年生产垃圾量约 300kg，且近年来基本以 10% 的速度在增长。诸多资料显示，我国约有 2/3 的大中型城市被垃圾"包围"，严重影响了人们的生活质量。目前，垃圾填埋是我国主要的垃圾处理方式，但由于垃圾填埋占用土地资源，而我国人口分布极不均匀，在人口密度大的地区，城市生活垃圾与土地资源紧缺的矛盾日益尖锐，急需加大垃圾焚烧、热解和垃圾回收。

2.2　生活垃圾的收集、运输和贮存

2.2.1　生活垃圾的收集

生活垃圾分类收集是破解"垃圾围城"、推动资源再循环利用的关键一环，它指的是根据不同垃圾处理要求在垃圾产生的源头开始进行分类收集，再通过相应方式进行回收或处置，从而达到垃圾减量化、资源再利用、减少环境污染等目的。事实上，城市生活垃圾分类收集在我国并不是一个新名词、新概念，早在 1957 年，《北京日报》头版头条刊发的《垃圾要分类收集》中就提出垃圾分类收集理念。1992 年，国务院在《城市市容和环境卫生管理条例》（国务院令〔1992〕101 号）中首次以官方文件的方式提出"对城市生活废弃物应当逐步做到分类收集、运输和处理"要求。此后，国家多次推动生活垃圾分类收集：2000 年，国家城市建设总局确定上海等 8 个城市为"生活垃圾分类收集试点城市"，但试点一段时间后很多城市试点"名存实亡"；形成一批创新经验及推广模式，但公众参与并不活跃；2016 年 12 月，中央财经领导小组会议研究普遍推行垃圾分类制度；2017 年 3 月，国务院提出"部分范围内先行实施生活垃圾强制分类"，北京、上海等城市开始在公共机构试点强制分类；2019 年 7 月，上海生活垃圾强制分类开始全面推行。国家住房和城乡建设部提出，2025 年以前，全国地级及以上城市要基本建成垃圾分类处理系统。可以看到，生活垃圾分类收集已经是大势所趋、无法回避。充分认识我国生活垃圾分类收集面临的主要难点，准确掌握其难点产生的相关原因，对于现阶段上海等城市推动生活垃圾强制分类收集，下一步我国生活垃圾分类全面铺开，最终推动垃圾减量、资源循环利用、实现中华民族永续发展具有重要意义。

本节所讲的生活垃圾的收集是指在上述居民对生活垃圾分类收集和投放的基础上，由小区卫生工作人员和环卫工作人员对各贮存点暂存的生活垃圾集装到垃圾收集车上的操作过程；运输是指收集车辆把收集到的生活垃圾运至终点、卸料和返回的全过程。生活垃圾收运并非单一阶段操作过程，通常包括 3 个阶段，构成一个收运系统。第一阶段是垃圾的搬运，是指由垃圾产生者（住户或单位）或环卫系统从垃圾产生源头将垃圾收集，然后送至收集容器或集装点的过程。第二阶段是收集与运输，通常指垃圾的近距离运输。一般是指用垃圾收集车辆沿一定路线清除收集容器或其他收集设施中的垃圾，并运至垃圾中转站的操作过程，有时也可就近直接送至垃圾处理厂或处置场。第三阶段为转运，是指垃圾的远途运输，即在中转站将垃圾转载至大容量的运输工具（如大型汽车、轮船、火车）上运

往远处的处理处置场。

2.2.1.1　生活垃圾的收集方式

按收集的内容有两种收集方式,即混合收集和分类收集。目前我国在上海、北京等城市实行生活垃圾分类收集,其他城市也在推行分类收集,但混合收集是主要的收集方式;按照收集的程序和所使用工具的不同,混合收集方式又可分为定点收集、定时收集两种方式。

A　定点收集

定点收集方式指的是收集容器放置于固定的地点,一天中的全部或大部分时间为居民服务。采用这种收集方式要求占用一定的空间设立收集点,收集点要求便于车辆通过,以便收集到的垃圾能被及时清运。从收集的卫生要求来看,收集容器应有较好的密封隔离效果,以避免收集过程中产生公共卫生问题。另外,采用该收集方法既要找到合适的收集点位置,又要求具有一定的居住密度,否则会造成收集容器的容积效率得不到充分利用。由于城市的居住区基本上都可以达到这些要求,故该收集方式是最普遍的垃圾收集方式。这种收集方式按所使用的收集工具的不同可分为容器式和构筑物式。

a　容器式

该方式因使用可移动的垃圾容器作为收集工具而得名。收集容器多半是桶式的,有圆形和方形两种,钢制或塑料材料制成的。这种容器具有密封性能,有一定的外接构件与清运车上的自动倾倒设备配合,使收运过程实现机械化。

b　构筑物式

该容器为固定构筑物,一般为砖、水泥结构,样式各异,容积为 $5 \sim 10 \mathrm{m}^3$,不密封,该容器使用寿命长,费用低,但在高峰季节会发生垃圾满溢的情况,与周围环境敞开接触,易造成周围环境卫生状况的恶化;另外,清运时难度较大,不利于机械化使用。

B　定时收集

定时垃圾收集方式不设置固定的垃圾收集点,直接用垃圾清运车收集居民区垃圾。具体做法是,收运车以固定的时间与路线行驶于居民区中并收集路旁的居民垃圾。其收集容器可分为专用容器与普通容器。

a　专用容器

专用容器是配合高级住宅区独家独院式的生活方式而设置的,是一种小型移动式垃圾桶或者是一次性袋式垃圾容器。

b　普通容器

普通容器一般为小型的垃圾收集车(1t 以下的汽车或人力拖车)。每天定时定线路巡回于收集路线上(一般一天 1~2 次),居民将垃圾定时定点倒入车内完成收运过程。由于车容量小,故一般都配有小型的转运站,集中到一定数量时作进一步运输。

2.2.1.2　特殊的垃圾收集方式

世界上的各个城市的背景和现状各异,居民区垃圾收集方式除以上两种外,还有一些为特殊区服务的收集方式,如大楼型居住区的垃圾楼道式收集方式和气动垃圾收集输送方式。

A 垃圾楼道式收集方式

垃圾楼道式收集方式是定点垃圾收集方式的一种，垃圾楼道是高层建筑物中的一条垂直通道，每层都开一个倾倒口，底部配有垃圾贮存室，每个贮存室均看成一个垃圾收集点。这种收集方式大大节约了居民的家务劳动量，实现了容量化。

B 气动垃圾收集输送方式

气动垃圾收集输送装置是 20 世纪 70 年代在瑞典斯德哥尔摩首先得到应用的一种垃圾收运方法，从目前的使用情况来看，它也主要服务于高层居民区。它由建筑物中的垃圾通道、垃圾吸送阀和输送管道、吸送站、垃圾贮存转运站等功能设备组成。居民通过垃圾通道倾倒的垃圾在垃圾吸送阀门的控制下一日数次被垃圾吸送站巨大的气体抽吸机的气流动力所带动，通过输送管道集中于垃圾贮存站之中，并进一步转运处理。这种收集运输方法的整个系统都在负压下工作，卫生程度高，管道一般都埋在地下不占地面空间，操作控制完全自动化，但其投资和操作费用昂贵，设施复杂，维护工作量大。

2.2.1.3 分类收集

生活垃圾分类收集是按垃圾成分不同分类收集方法的一个新发展。从垃圾的发生源考虑，提高了垃圾的资源利用价值，减少了垃圾的处理工作量。垃圾的分类收集可适用于几乎所有的城市，而由于该方法带来的收集成本增加问题可以通过资源利用和产品的出售来解决。我国现在还没有在全国实行强制性的生活垃圾分类收集方法，但已在北京、上海等大城市实施垃圾分类收集。目前我国将垃圾分为厨余垃圾、可回收物、有害垃圾、其他垃圾。生活垃圾分类收集的是必然趋向。

垃圾分类

2.2.2 生活垃圾的运输和贮存

在生活垃圾收集运输前，垃圾的产生者必须将各自所产生的垃圾进行短距离搬运加以收集，这是整个垃圾收运的第一步。从改善垃圾收运的整体效益考虑，有必要对垃圾搬运和收集进行科学的管理，以利于居民的健康，并能改善城市环境卫生及城市容貌，也为后续阶段操作打下好的基础。

2.2.2.1 居民住宅区垃圾的搬运

由居民负责将各自产生的生活垃圾搬运至楼下公共贮存容器，再由收集工人负责从住宅区将公共收集容器内的垃圾搬运至中转站。

2.2.2.2 商业区与企业单位生活垃圾的搬运

商业区与企业单位的生活垃圾一般由各单位自行负责，环境卫生管理部门进行监督管理。当委托环卫部门收运时，各单位使用的收集容器应与环卫部门的运输车辆相配套，收运地点和时间也应和环卫部门协商而定。

居民住宅区垃圾和商业区与企业单位生活垃圾由小型收集车转运至垃圾中转站。

转运是生活垃圾收运系统中的第三阶段操作过程，它是指利用中转站将小型收集车从各分散收集点清运的垃圾转载到大型运输工具（如火车或轮船）上，将其远距离输送至垃圾处理处置场的过程。转运站（即中转站）就是指完成上述转运操作过程的建筑设施与设备。一般来说，垃圾在中转站通常经分拣、压缩等处理后再转载到大型的运输工具上运往处理处置场。

2.2.2.3　中转站的类型

中转站规模的大小应根据需要转运的垃圾量确定。根据中转站的规模，可把中转站分为大型中转站（日转运量 450t 以上）、中型中转站（日转运量 150～450t）和小型中转站（日转运量 150t 以下）。

中转站按装载方式及有无压实情况可分为直接倾卸式、贮存待装式、既可直接装车又可贮存待装的组合式三种类型的中转站。

A　直接倾卸式

直接倾卸式就是把垃圾从收集车直接倾卸到大型拖挂车上，它分无压缩和有压缩装置两种。无压缩时，直接将垃圾倾倒到拖挂车里，不进行压缩处理，无压缩直接倾卸转运方式如图 2-3 所示；有压缩时，首先垃圾由收集车倾卸到卸料斗里，然后液压压实机对料斗里的垃圾进行压缩并推入大型垃圾箱中，最后装满压缩垃圾的大型垃圾箱被运输车运走，有压缩直接倾卸转运方式如图 2-4 所示。

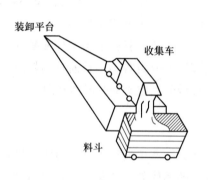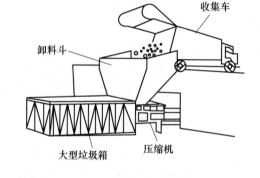

图 2-3　无压缩直接倾卸转运方式　　　　图 2-4　有压缩直接倾卸转运方式

B　贮存待装式

该种垃圾转运站设有贮料坑，收集车在卸料台上把垃圾倾入低货位的贮料坑中贮存，随后推料装置（如装载机）将垃圾推入到压实机的漏斗中，由压实机将垃圾封闭压入大载重量的运输工具内，满载后运走。有些中转站还具有部分垃圾加工功能，可对垃圾进行分离、破碎、回收金属等处理。图 2-5 所示为具有垃圾加工功能的贮存待装式转运工艺。

C　组合式

所谓组合式是指在同一转运站既设有直接倾卸设施，也设有贮存待装设施，直接倾卸与贮存待装组合转运方式如图 2-6 所示。垃圾既可直接由收集车卸载到拖挂车里运走，也可以暂时存放在贮料坑内，随后再由装载机装入托运车里转运。它的优点是操作比较灵活，对垃圾数量变化的适应性强。

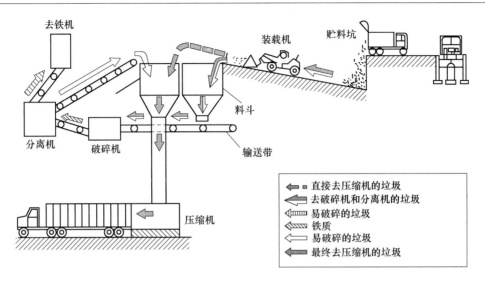

图 2-5 贮存待装转运方式（具有部分垃圾加工功能）

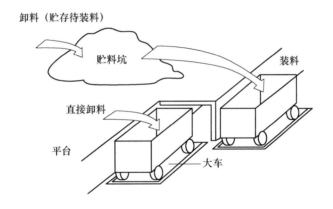

图 2-6 直接倾卸与贮存待装组合转运方式

2.3 生活垃圾的预处理

2.3.1 压实

压实又称为压缩，即利用机械的方法减少固体废物的体积、增加其体积重量，以提高其聚集程度。

2.3.1.1 压实的原理

固体废物的压实的程度可以用压缩比表示。压缩比即固体废物压实前后体积之比，可用下式表示：

$$R = \frac{V_i}{V_f} \tag{2-1}$$

式中　R——压缩比；

V_i——废物压实前原始体积，m^3；

V_f——废物压实后最终体积，m^3。

废物的压缩比取决于废物的种类和施加的压力，一般压缩比为 3~5，同时采用破碎和压实两种技术可使压缩比增加到 5~10。

2.3.1.2　压实设备

固体废物设备种类很多，根据其构造和工作原理大体可分为容器单元和压实单元两个部分，前者负责接收废物原料，后者在液压或气压的驱动下，用压头对废物进行压实。

根据压实物料的不同，可将压实设备分为金属类废物压实器和生活垃圾压实器两类。

根据使用场所不同，压实设备可分为固定式压实机和移动式压实机，前者多用于垃圾中转站、工厂内部，后者多用于垃圾收集车上。

生活垃圾压实器常采用与金属类废物压实器构造相似的三向联合式压实器及水平式压实器。为了防止垃圾中的有机物腐败，要求在压实器的四周涂敷沥青。图 2-7 所示为水平式压实器示意图，该装置具有一个可水平往复运动的压头，在手动或光电装置控制下将废物压到矩形或方形的钢制容器中，随着容器中废物的增多，压头的行程逐渐变短，装满后压头呈完全收缩状。此时，可将铰接连接的容器更换，将另一空容器装好再进行下一次的压实操作。

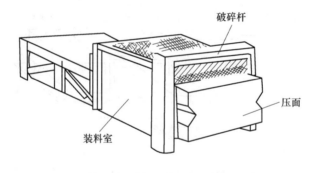

图 2-7　水平式压实器

2.3.2　固体废物的破碎

破碎是指通过人力或机械等外力的作用，破坏物体内部的凝聚力和分子间作用力而使大块物体分裂为小块的操作过程。使小块固体废物颗粒分裂成细粉的过程称为磨碎。破碎是固体废物处理技术（包括运输、焚烧、热分解、熔化、压缩等）中最常用的预处理工艺。

2.3.2.1　破碎的定义及原理

固体废物破碎和磨碎的目的如下：

（1）使固体废物的容积减小，便于运输和贮存。

（2）为固体废物的分选提供适合的粒度，以便有效地回收固体废物中的有用成分。

（3）使固体废物的比表面积增加，提高焚烧、热分解、熔融等作业的稳定性和热效率。

（4）防止粗大、锋利的固体废物损坏分选、焚烧和热解等设备或炉膛。

（5）为固体废物的下一步加工作准备，例如煤矸石的制砖、制水泥等，都要求把煤矸石破碎和磨碎到一定粒度以下，以便进一步加工制备使用。

（6）用破碎后的生活垃圾进行填埋处置时，压实密度高而均匀，可以加快覆土还原。

2.3.2.2 破碎方法

破碎的方法可分为机械能破碎（如压碎、劈碎、折断、磨碎、冲击破碎等）和非机械能破碎（如低温破碎、热力破碎、减压破碎、超声波破碎等）。

选择破碎方法时，需视固体废物的机械强度特别是废物的硬度而定。对于脆硬性废物，如各种废石和废渣等多采用挤压、劈裂、弯曲、冲击和磨剥破碎；对于柔硬性废物，如废钢铁、废汽车、废器材和废塑料等，多采用冲击和剪切破碎；对于含有大量废纸的生活垃圾，近年来有些国家已经采用湿式和半湿式破碎；对于粗大固体废物，往往先剪切或压缩成型后，再送入破碎机处理。

一般破碎机都是由两种或两种以上的破碎方法联合作用对固体废物进行破碎的，例如压碎和折断、冲击破碎和磨碎等。

2.3.2.3 常用破碎设备

选择破碎设备的类型时，必须综合考虑下列因素：

（1）破碎设备的破碎能力。

（2）固体废物的性质（如破碎特性、硬度、密度、形状、含水率等）和粒度。

（3）对破碎产品的粒度、组成及形状的要求。

（4）设备的供料方式；安装操作场所情况等。

破碎固体废物常用的破碎机有颚式破碎机、冲击式破碎机、剪切式破碎机等几种类型。

A 颚式破碎机

1858 年美国人埃里·布雷克（E. Blake）制造出最早的双肘板颚式破碎机。它虽然是一种古老的破碎设备，但是具有破碎比大、产量高、产品粒度均匀、结构简单、工作可靠、维修简便、运营费用经济等特点，至今仍被广泛应用，该设备既可用于粗碎，也可用于中碎、细碎。大型颚式破碎机广泛适用于矿山、冶炼、建筑、公路、铁路、水利和化学工业等众多行业处理粒度大、抗压强度高的各种矿石和岩石的破碎。例如，将煤矸石破碎用作沸腾炉的燃料和制水泥的原料等。

颚式破碎机内有个非常重要的核心部件——可移动式颚板（简称动颚板）。通常按照动颚板的运动特性将颚式破碎机分为简单摆动型和复杂摆动型，也是目前工业中应用最广的两种。

a 简单摆动型颚式破碎机

简单摆动型颚式破碎机，如图 2-8 所示，由机架、工作机构、传动机构、保险装置等部分组成，定颚板、动颚板和边护板构成破碎腔，工作原理如图 2-9 所示，通过电动机皮带轮，由三角带和槽轮驱动偏心轴，偏心轴不停地转动，使得与之相连的连杆做上下往复运动，带动前肘板做左右往复运动，动颚就在前肘板的带动下呈往复摆动运动形式。此时，如果废料由给料口进入破碎腔中，就会受到接近定颚板方向运动的动颚的挤压作用而发生破裂和弯曲破碎。当动颚在拉杆和弹簧的作用下离开固定颚时，破碎腔内下部已破碎到小于排料口的物料靠其自身重力从排料口排出，位于破碎腔上部的尚未充分压碎的料块当即下落一定距离，进一步被动颚挤压破碎。随着电动机连续转动，破碎机动颚做周期性的压碎和排料，实现批量生产。

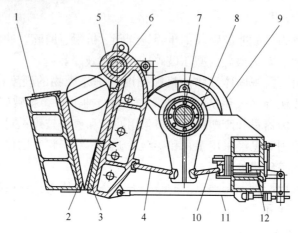

图 2-8　简单摆动型颚式破碎机

1—机架；2—固定齿板；3—动颚齿板；4—前肘板；5—可动颚板；6—心轴；
7—偏心轴；8—连杆；9—飞轮；10—后肘板；11—拉杆；12—调整千斤顶

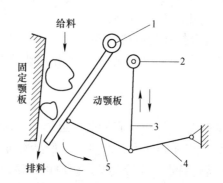

图 2-9　简摆颚式破碎机工作原理示意图

1—心轴；2—偏心轴；3—连杆；4—后肘板；5—前肘板

b　复杂摆动型颚式破碎机

复杂摆动型颚式破碎机，如图 2-10 所示，与简单摆动型颚式破碎机从构造上看，前者没有动颚悬挂的心轴和垂直连杆，动颚与连杆合为一个部件，肘板只有一块。可见，复杂摆动型颚式破碎机构造简单，但动颚的运动却比简摆型破碎机复杂，动颚在水平方向上有摆动，同时在垂直方向也有运动，是一种复杂运动，故称复杂摆动型颚式破碎机。复摆颚式破碎机破碎方式为曲动挤压型，电动机驱动皮带和皮带轮通过偏心轴使动颚上下运动，当动颚板上升时肘板和动颚板间夹角变大，从而推动动颚板向定颚板接近，与此同时固体废物发生被挤压、搓、碾等多重破碎方式；当动颚下行时，肘板和动颚间夹角变小，动颚板在拉杆、弹簧的作用下离开定颚板，此时破碎产品从破碎腔下口排出，完成破碎过程。复杂摆动型颚式破碎机的工作原理如图 2-11 所示。

复杂摆动型颚式破碎机的优点是破碎产品较细，破碎比大（一般可达 4~8，简摆型只能达 3~6）。规格相同时，复摆型颚式破碎机比简摆型破碎能力高 20%~30%。

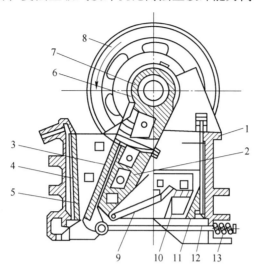

图 2-10　复杂摆动型颚式破碎机

1—机架；2—可动颚板；3—固定颚板；4，5—破碎齿板；6—偏心转动轴；7—轴孔；
8—飞轮；9—肘板；10—调节器；11—模块；12—水平拉杆；13—弹簧

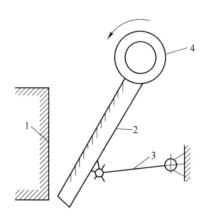

图 2-11　复杂摆动颚式破碎机工作原理示意图

1—固定颚板；2—可动颚板；3—前（后）推力板；4—偏心轴

B　双腔颚式破碎机

传统颚式破碎机最大的弱点之一就是它们在一个工作循环内只有一半时间进行有效工作，而双腔颚式破碎机（图 2-12）具有两个破碎腔，可在双工作行程状态下运行，不存在空行程的能量消耗，因此大大提高了处理能力，单位功率大幅度降低。

C　振动颚式破碎机

由俄罗斯研制的振动颚式破碎机，利用不平衡振动器产生的离心惯性力和高频振动实

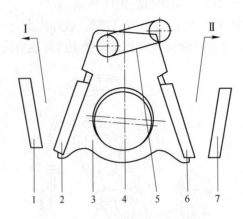

图 2-12　双腔颚式破碎结构示意图

1—固定颚板 a；2—活动颚板 a；3—动颚；4—偏心轴；5—连杆；
6—活动颚板 b；7—固定颚板 b；Ⅰ—破碎腔 a；Ⅱ—破碎腔 b

现破碎。它也具有双动颚结构，两个振动器分别作用在两动颚上，转向相反并可实现同步，使两动颚绕扭力轴同步振动，通过扭力轴可以调整振幅从而控制产品粒度。该破碎机适用于破碎铁合金、金属屑、砂轮和冶金炉渣等难碎物料，可破碎的物料抗压强度高达 500MPa。动颚摆频率为 13~24Hz，功率 15~74kW，破碎比可达 4~20，振动颚式破碎机结构如图 2-13 所示。

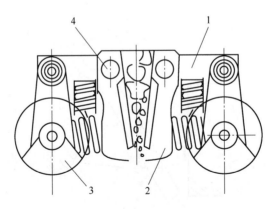

图 2-13　振动颚式破碎机

1—机座；2—颚板；3—不平衡振动器；4—扭力轴

D　冲击式破碎机

冲击式破碎机大多是旋转式的，利用冲击力进行破碎，结构与锤式破碎机类似，但其锤子数要少很多，一般为 2 到 4 个。冲击式破碎机具有破碎比大、适用性强、构造简单、外形尺寸小、操作方便、易于维护等特点，适于破碎中等硬度、软质、脆性、韧性及纤维状等多种固体废物。

图 2-14 所示为 Hazemag 型冲击式破碎机，该机装有两块冲击板，形成两个破碎腔，转子上安装有两个坚硬的板锤，机体内表面装有特殊钢制衬板，用以保护机体不受损坏。

物料从上部给入，在冲击力和剪切作用下被破碎。

E 剪切式破碎机

剪切式破碎是一种利用机械的剪切力破碎固体废物
的方法。剪切式破碎作用发生在互呈一定角度能够逆向
运动或闭合的刀刃之间。一般刀刃分固定刀和可动刀，
可动刀又分往复刀和回转刀。剪切式破碎适于处理各种
汽车轮胎、废旧金属、塑料废品、包装木箱、废纸箱以
及城市垃圾中的纸、布等纤维织物，金属类废物等。

图 2-15 所示为往复剪切式破碎机，其往复刀和固
定刀交错排列，通过下端活动铰轴连接，开口时呈 V
形破碎腔，固体废物投入后，通过液压装置将往复刀推
向固定刀，从而将废物剪碎。该机可剪切厚度在 200mm
以下的普通型钢，适于城市垃圾焚烧厂的废物破碎。

2.3.2.4 特殊破碎技术

A 低温破碎

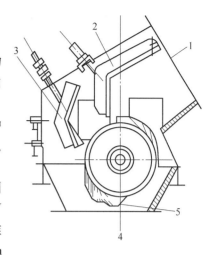

图 2-14 Hazemag 型冲击式破碎机
1—固体废物；2——级冲撞板（固定刀）；
3—二级冲撞板（固定刀）；4—排出口；
5—旋转打击刀

对于在常温下难以破碎的固体废物，可利用其低温变脆的性能而有效地破碎，也可利
用不同物质脆化温度的差异进行选择性破碎，即所谓低温破碎。低温破碎技术适用于常温
下难以破碎的复合材质的废物，如钢丝胶管、橡胶包覆电线电缆、废家用电器等橡胶和塑
料制品等。

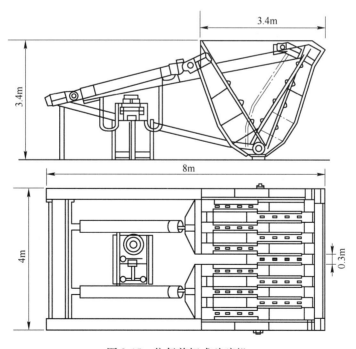

图 2-15 往复剪切式破碎机

低温破碎的工艺流程，如图 2-16 所示。先将固体废物投入预冷装置，再进入浸没冷
却装置，这样橡胶、塑料等易冷脆物质迅速脆化，然后送入高速冲击破碎机破碎，使易脆

物质脱落粉碎。破碎产品再进入各种分选设备进行分选。

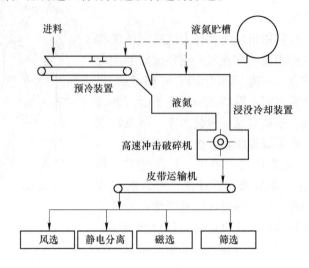

图 2-16　低温破碎工艺流程

采用低温破碎，同一种材质破碎的尺寸大体一致，形状好，便于分离。但因通常采用液氮作制冷剂，而制造液氮需耗用大量能源，因此，使用该技术必须考虑在经济效益上能否抵上能源方面的消耗费用。

B　湿式破碎

湿式破碎技术主要用于回收生活垃圾中的大量纸类。由于纸类在水力的作用下发生浆化，然后将浆化的纸类用于造纸，从而达到回收纸类的目的。图 2-17 所示为湿式破碎机结构示意图。垃圾用传送带投入破碎机，破碎机于圆形槽底上安装多孔筛，筛上设有 6 个

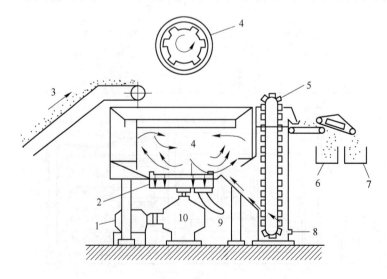

图 2-17　湿式破碎机

1—电动机；2—筛网；3—含纸垃圾；4—转子；5—斗式脱水提升机；6—有色金属；
7—铁；8—循环水；9—浆液；10—减速机

刀片的旋转破碎辊，使投入的垃圾和水一起激烈旋转，废纸则破碎成浆状，透过筛孔由底部排出，难以破碎的筛上物（如金属等）从破碎机侧口排出，再用斗式提升机送至磁选器将铁与非铁物质分离。

C 半湿式破碎

半湿式破碎是利用各类物质在一定均匀湿度下的耐剪切、耐压缩、耐冲击性能等差异很大的特点，在不同的湿度下选择不同的破碎方式，实现对废物的选择性破碎和分选，适于回收含纸屑较多的生活垃圾中的纸纤维、玻璃、铁和有色金属。

图 2-18 所示为半湿式破碎机结构示意图，该机分三段，前两段装有不同筛孔的外旋转滚筒筛和筛内与之反向旋转的破碎板，第三段无筛板和破碎板。垃圾进入圆筒筛首端，并随筛壁上升而后在重力作用下抛落，同时被反向旋转的破碎板撞击，垃圾中的玻璃、陶瓷等脆性物质被破碎成小块，从第一段筛网排出，剩余垃圾进入第二段筒筛，此段喷射水分，中等强度的纸类被破碎从第二段筛孔排出。最后剩余的垃圾如金属、塑料、木材等从第三段排出。

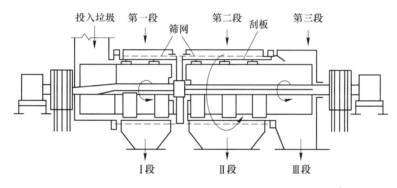

图 2-18 半湿式破碎机

2.4 固体废物的分选

分选是继破碎以后固体废物回收与利用过程中一道重要的操作工序，是实现固体废物资源化、减量化、无害化的重要手段。通过分选可将固体废物中各种有用的资源分门别类地回用于不同的生产过程，或将其中不利于后续处理、处置工艺的物质分离出来。

分选的方法很多，主要有人工分选和机械分选两大类。机械分选根据废物的物理和物理化学性质不同，主要有以下分选方法：筛分、重力分选、磁力分选、静电分选、光电分选等。

最广泛采用的生活垃圾分选方法是从传送带上进行人工手选，几乎所有的堆肥厂及部分焚烧厂均用手选方法，这种方法效率低，不能适应大规模的垃圾资源化再生利用系统。但是仅靠机械设备进行垃圾分选，虽然速度快，往往也达不到非常理想的效果。所以，在进行大规模的生活垃圾处理时，通常采用机械结合人工分选的方式。

2.4.1 筛分

筛分操作可将生活垃圾按其组成的颗粒粒度进行分选，是垃圾预处理过程的重要方法。

2.4.1.1　筛分原理

筛分也称筛选，是根据具有不同粒度分布的固体物料之间粒度差异，将物料中粒度小于筛孔的细粒物料透过筛网，而大于筛孔的粗粒物料留在筛网上面，完成粗、细料分离的过程。该分离过程可看作是物料分层和细粒透筛两个阶段组成的。物料分层是完成分离的条件，细粒透筛是分离的目的。但它们不是先后的关系，而是相互交错同时进行的。

2.4.1.2　筛分设备

适用于固体废物处理的筛选设备种类很多，大体分为固定筛、滚筒筛和振动筛三类。它们通常被组装于其他分选设备中，或者和其他分选设备串联使用。筛分技术在固体废物资源回收和利用方面应用很广泛。

A　固定筛

固定筛筛面由许多平行排列的筛条组成，可水平或倾斜安装。固定筛分为格筛和棒条筛。格筛一般安装在粗破机之前，以保证入料块度适宜。棒条筛用于粗碎和中碎之前，安装角度一般为 30°~35°。

固定筛构造简单、不耗用动力、设备费用低和维修方便，但容易堵塞，筛分效率低，在固体废物处理中广泛应用于粗筛作业。

B　滚筒筛

滚筒筛主要由电机、减速机、滚筒装置、机架、密封盖和进出料口组成。其主体为筛面带孔的筒体，若为圆柱形筒体，如图 2-19 所示，沿轴线倾斜 3°~5°安装；若为截头圆锥筒体，则沿轴线水平安装。电动机经减速机与滚筒装置通过联轴器连接在一起，驱动滚筒装置绕其轴线转动。当物料进入滚筒装置后，由于滚筒装置的倾斜与转动，使筛面上的物料翻转与滚动，使细物料经筛网排出，粗物料经滚筒末端排出。物料在筒内滞留时间 25~30s，转速 5~6r/min 为最佳。

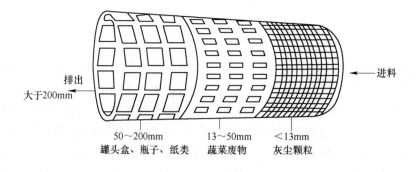

图 2-19　滚筒筛

C　振动筛

振动筛由于筛面强烈振动，消除了堵塞筛孔的现象，有利于湿物料的筛分，可用于粗、中细粒的筛分，还可以用于振动和脱泥筛分，广泛应用于筑路、建筑、化工、冶金和谷物加工等部门。振动筛主要有惯性振动筛和共振筛。

a 惯性振动筛

惯性振动筛是通过不平衡物体的旋转所产生的离心惯性力使筛箱产生振动的一种筛子，如图2-20所示。重块产生的水平分力被刚度大的板簧吸收，垂直分力强迫板簧作拉伸及压缩的强迫运动。筛面运动轨迹为椭圆或近圆。

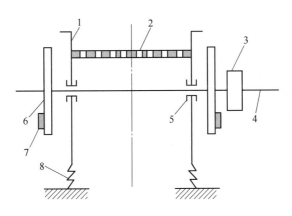

图 2-20 惯性振动筛

1—筛箱；2—筛网；3—皮带轮；4—主轴；5—轴承；6—配重轮；7—重块；8—板簧

b 共振筛

共振筛是利用弹簧的曲柄连杆机构驱动，使筛子在共振状态下进行筛分，如图2-21所示。离心轮转动，连杆作往复运动，通过其端的弹簧将作用力传给筛箱；与此同时，下机体受到相反的作用力，筛箱、弹簧及下机体组成一弹簧系统，其固有自振频率与传动装置的强迫振动频率相同或相近，发生共振而筛分。

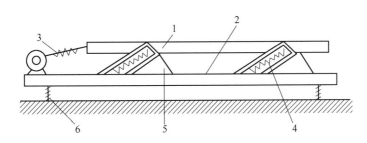

图 2-21 共振筛

1—上筛箱；2—下机体；3—转动装置；4—共振弹簧；5—板簧；6—支撑弹簧

共振筛的工作过程是筛箱的动能和弹簧的势能相互转化的过程。所以，在每次振动中，只需要补充克服阻尼的能量，就能维持筛子的连续振动。这种筛子虽然比较大，但是功率消耗却很小。

共振筛处理能力大，筛分效率高，但制造工艺复杂，机体较重。共振筛适用于废物的中、细粒的筛分，还可以用于废物分选作业的脱水、脱重介质和脱泥筛分等。

2.4.1.3 筛分设备的选择

选择筛选设备时应考虑以下因素：首先是待筛选固体废物的特性，包括颗粒的形状、大小、含水率、整体密度、黏结或缠绕的可能等；其次是所选筛选装置的性能，如筛孔孔径、构造材料、筛面开孔率、滚筒筛的转速、长度与直径，振动筛的振动频率、长度与宽度等，筛选效率与总体效果是考察筛选装置能否达到要求的重要条件；最后注意运行特征，如能耗、日常维护、运行难易、可靠性、噪声、非正常振动与堵塞的可能性等。

2.4.2　重力分选

重力分选是根据混合固体废物在介质中的密度差进行分选的一种方法。重力分选介质可以是空气、水，也可以是重液（密度大于水的液体）和重悬浮液（由高密度的团体微粒和水组成）等。固体废物的重力分选方法较多，按作用原理可分为风力分选、惯性分选、摇床分选、重介质分选和跳汰分选等。

各种重选过程具有的共同工艺条件是：

（1）固体废物中颗粒间必须存在密度的差异。

（2）分选过程都是在运动介质中进行的。

（3）在重力、介质动力及机械力的综合作用下，使颗粒群松散并按密度分层。

（4）分好层的物料在运动介质流的推动下互相迁移，彼此分离，并获得不同密度的最终产品。

2.4.2.1　风力分选

风力分选又称为气流分选，是以空气为分选介质，在气流作用下使固体废物颗粒按密度和粒度进行分选的方法。它在生活垃圾、纤维性固体废物、农业稻谷类等颗粒的形状、尺寸相近的废物处理和利用中得到广泛的应用。有时也可先经破碎、筛选后，再进行风力分选。风力分选设备按工作气流的主流向分为水平、垂直和倾斜三种类型，其中尤以垂直气流风选机应用最为广泛。图 2-22 所示为水平气流分选原理，图 2-23 所示为立式曲折风力分选原理。

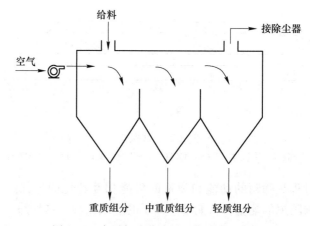

图 2-22　水平气流分选机工作原理示意图

2.4.2.2　惯性分选

惯性分选是基于混合固体废物中各组分的密度和硬度差异而进行分离的一种方法。用高速传送带、旋转器或气流沿水平方向抛射粒子，粒子沿抛物线运行的轨迹随粒子的大小

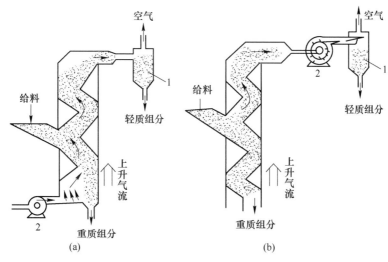

图 2-23 立式曲折风力分选机工作原理示意图
（a）底部供风式；（b）顶部抽吸式
1—旋流器；2—风机

和密度不同而异，粒径和密度越大飞得越远。这种方法又称为弹道分离法。目前这种方法主要用于从垃圾中分选回收金属、玻璃和陶瓷等物。根据惯性分选原理而设计制造的分选机械主要有斜板输送分选机和反弹滚筒分选机等，分别如图 2-24、图 2-25 所示。

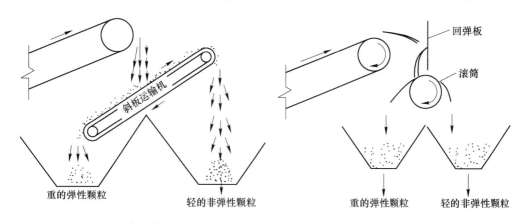

图 2-24 斜板输送分选机　　　　　图 2-25 反弹滚筒分选机

2.4.3 磁力分选

磁力分选技术是借助磁选设备产生的磁场使铁磁物质组分分离的一种方法。固体废物包括各种不同的磁性组分，当这些不同磁性组分物质通过磁场时，由于磁性差异，受到的磁力作用互不相同，磁性较强的颗粒会被带到一个非磁性区而脱落下来，磁性弱或非磁性颗粒，仅受自身重力和离心力的作用而掉落到预定的另一个非磁性区内，从而完成磁力分选过程。固体废物的磁力分选主要用于从固体废物中回收或富集黑色金属（铁类物质）。磁场强弱不同的磁选设备可选出不同磁性组分的固体废物。固体废物的磁选设备根据供料方式的不同，可分为带式磁选机（图 2-26）和滚筒式磁选机（图 2-27）两大类。

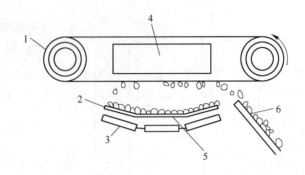

图 2-26 带式磁选机

1—传动皮带；2—传送带；3—轴；4—悬挂式固定磁铁；5—来自破碎机的固体废物；6—金属物

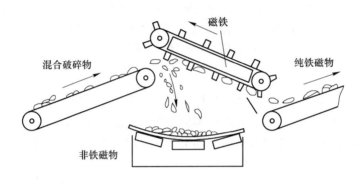

图 2-27 滚筒式磁选机

2.4.4 静电分选

静电分选技术是利用各种物质的电导率、热电效应及带电作用的差异而进行物料分选的方法。可用于各种塑料、橡胶和纤维纸、合成皮革、胶卷、玻璃与金属等物料的分选。如给两种不同性能的塑料混合物加以电压，使一种塑料带负电，另一种带正电，就可以使两者得以分离。

电选分离过程是在电选设备中完成的，其原理如图 2-28 所示。首先在电选设备中提供电晕-静电复合电场，然后固体废物给入后随旋转的辊筒进入电晕电场。由于电场存在，废物中导体和非导体都获得负电荷，其中导体颗粒所带的大部分负电很快被接地辊筒放掉，因此，当废物颗粒随辊筒旋转离开电晕场区而进入到静电场区时，导体颗粒继续放掉剩余的少量负电荷，进而从辊筒上得到正电荷而被辊筒排斥，在电力、离心力、重力的综合作用下，很快偏离辊筒而落下。而非导体因具有较多的负电荷而被辊筒吸引带到辊筒后方，被毛刷强制刷下；半导体颗粒的运动情形介于二者之间，在中间区域落下。常用的电选设备为静电鼓式分选机（图 2-29）。

2.4.5 光分选

光分选是利用物质表面反射特性的不同而分离物料的方法。该法常用于按颜色分选玻璃的工艺中。其工作原理如图 2-30 所示，运输机送来各色玻璃的混合物料，它们通过振动溜槽时，连续均匀地落入光学箱中，在标准色板上预先选定一种标准色，当颗粒在光学箱内下落的途中反射出与标准色不同的光时，光电子元件将改变光电放大管的输出电压，这样再经过电子装置增幅控制，喷管瞬间喷射出气流改变异色颗粒的下落轨迹，从而实现标准色玻璃的分选。

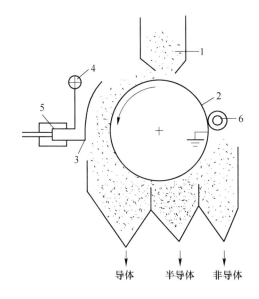

图 2-28 静电分选原理示意图

1—给料斗；2—辊筒电极；3—电晕电极；
4—偏向电极；5—高压绝缘子；6—毛刷

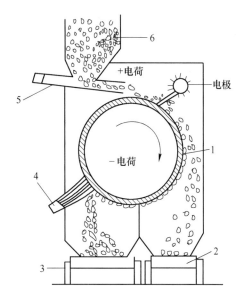

图 2-29 静电鼓式分选机

1—转鼓；2—导体产品受槽；3—非导体产品受槽；
4—扫刷；5—振动给料器；6—供料斜槽（玻璃和铝）

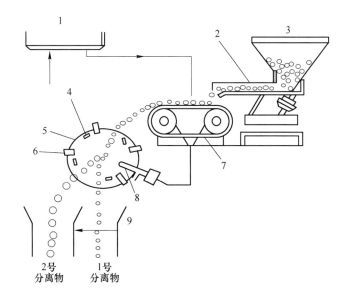

图 2-30 光分选工作原理

1—电子放大装置；2—振动溜槽；3—料斗；4—标准色板；5—光验箱；
6—光电池；7—有高速沟的进料皮带；8—压缩空气喷管；9—分离板

2.5　生活垃圾卫生填埋处置技术

目前，我国生活垃圾处理方法主要有卫生填埋、焚烧、堆肥等。其中，卫生填埋法因具有投资费用低、处理量大、所需设备少、技术要求低等特点而成为我国城市垃圾处理的主要方式，我国 50% 以上的生活垃圾都是采用填埋处理，并且卫生填埋将在很长一段时间内作为生活垃圾处理的主要方式和最终手段。

2.5.1　概述

卫生填埋是指按卫生填埋工程技术标准处理生活垃圾的一种方法。主要是防止对地下水及周围环境的污染，区别于过去的裸卸堆弃和自然填垫等旧式的生活垃圾处理法。

应用卫生填埋法处理生活垃圾有以下优点：

（1）与其他处理方法相比，卫生填埋法是垃圾无害化处理最简单、费用较低的方法。

（2）与需要对残渣和无机杂质等进行附加处理的焚烧和堆肥法相比较，卫生填埋是一种完全的、最终的处理方法。

（3）卫生填埋法适用性广，可接受各种类型的生活垃圾而不需要对其分类收集。

（4）该法工艺简单，处理量大，日处理量可达上千吨。

（5）填埋场气体经过收集净化处理后，可进行发电等再利用，带来一定的经济效益。

（6）生活垃圾在经过若干年填埋后形成矿化垃圾，可以开采和利用，使填埋场成为生活垃圾的巨大生物处理反应器和资源贮存器。

（7）边缘土地可重新用作停车处、游乐场、高尔夫球场、航空站等。

因此，我国大多数城市在考虑解决生活垃圾出路时，首先应当考虑卫生填埋的方法。卫生填埋场的选址、建设周期较短，处理量大，总投资和运行费用相对较低，通过卫生填埋场的建设和运营，可以迅速解决生活垃圾的出路问题，解决城市卫生面貌。每座城市或一定区域内，至少应该有一座卫生填埋场。目前，由于可持续发展和循环经济日益深入人心，生活垃圾的减量化和资源化受到高度重视。但是，无论如何减量化和资源化，总有部分固体废物需要填埋。因此，填埋场是必备的。

当然，卫生填埋也存在一些缺陷，一是占地面积大，场址选择困难。每个垃圾填埋场都有一定的库容与处理年限，一旦达到极限就要封场，而一个垃圾填埋场，占用土地动辄数百亩。比如长沙市固体废物处理场总占地 174 万平方米，库容 4500 万立方米，其设计服务年限才 34 年，并且随着长沙产生的日均生活垃圾量的增加，其服务年限已不足 25 年。因此，现已有不少专家在研究填埋场的可持续运行技术，但目前技术还不成熟。另外，不是所有城市近郊都能找到合适的填埋场地，而远离城市的填埋场将增加更多的垃圾运输费用。二是操作管理不当，容易产生二次污染。垃圾降解产生的渗滤液水质复杂，含有多种有毒有害的无机物和有机物，COD_{Cr}、BOD_5 浓度每立方米最高值可达数千至几万毫克，和城市污水相比，浓度高得多，很难处理。全国绝大部分填埋场的渗滤液处理均未达到国家二级排放标准，而许多城市却要求渗滤液处理达到一级排放标准，这将使处理成本大大增加。根据经验，将 1t 渗滤液处理达到一级国家排放标准，处理费用至少在 50~100元以上。同时，垃圾在填埋过程中分解产生的沼气、二氧化碳、硫化氢等气体，操作不当容易给环境带来污染，并存在安全隐患。含重金属等有毒有害物质的填埋将造成填埋场土地污染严重，给填埋场的开发再利用带来难题。某些地区的填埋场管理不严，出现在填埋场或堆放场放牧或饲养畜禽的情况，有毒有害物质被动物食用吸收，后果非常严重。

目前，真正意义上的卫生填埋场在我国较少。卫生填埋场是否真正的"卫生"，主要判断依据有以下六条：

（1）是否达到了国家规定的防渗要求。

（2）是否落实了卫生填埋作业工艺，如推平、压实、覆盖等。

（3）污水是否处理达标排放。

（4）填埋场气体是否得到有效治理。

（5）蚊蝇是否得到有效的控制。

（6）是否考虑终场利用。

在建设和运行卫生填埋场的过程中，如果严格按照卫生填埋场的标准执行，是能有效解决渗滤液以及填埋场气体的污染问题，不产生二次污染的。因此，卫生填埋作为一种卫生、可靠、安全的生活垃圾处理方式仍是我国大多数城市的首要选择。

2.5.2 卫生填埋场的选址

生活垃圾卫生填埋处理是一项综合的工程技术，涉及多学科领域。科学地选择适宜的场地，采用成熟、有效的勘察方法和手段，正确评价场地的主要工程地质问题，为填埋场的设计、施工和安全运营提供可靠的工程参数，是选择最佳安全填埋场、严谨设计填埋场结构和保证整个系统正常运转的关键。它影响到填埋场的构造、布局、建设和运行管理，关系着填埋处置是否能真正实现垃圾处理的减量化、资源化和无害化总目标要求。选址有利将降低对工程防渗密封的依赖性，大大减少整个工程造价以及垃圾填埋费用。

2.5.2.1 选址相关标准及原则

关于卫生填埋场的选址，现行国家标准《城市生活垃圾卫生填埋技术规范》（CJJ 17—2004）、《城市生活垃圾卫生填埋处理工程项目建设标准》（建标［2001］101号）、《生活垃圾填埋污染控制标准》（GB 16889—2008）均对填埋场选址应满足的要求做了具体的规定。对于这些标准中强制性的规定，必须严格执行。

场址的选择主要遵循两个原则：一是从防止污染角度考虑的安全原则；二是从经济角度考虑的经济合理原则。也就是说要以合理的技术、经济方案，尽量少的投资达到最理想的经济效果，实现环保目的。

2.5.2.2 选址的影响因素

卫生填埋场的选址是一项综合性工作，技术强，难度大。影响选址的因素有环境学、工程学、经济学以及社会和法律等多个方面因素。

A 环境学因素

建设卫生填埋场是为了妥善处理垃圾，改善环境质量，因此在卫生填埋场的选址和建设过程也要充分考虑对周围环境的影响。在场址的选择过程中，应当考虑到尽可能地减少对周围景观、地形地貌、生态环境等破坏，也需要考虑与居民区的距离，避免对周边居民造成饮用水、大气以及安全等方面的影响。

B　工程学因素

工程学影响因素是填埋场选址中的主要影响因素，包括自然地理因素、地质因素、水文地质因素以及工程地质因素等。这些因素决定了填埋场的建设工程会对填埋场的正常运行以及周围环境产生影响。

C　经济学因素

从选址角度来看，经济学因素主要包括填埋场的建设费用、垃圾运输费用、土地的征用费和土地资源化等方面。因此，选址过程要根据垃圾的来源、种类、性质和数量确定场地的规模，使其具有足够的库容量，可满足一定年限的填埋量，以降低填埋场的单位库容量投资。

填埋场建设规模按总容量可分四类：

Ⅰ类：总容量为 1200 万立方米以上；

Ⅱ类：总容量为 500 万~1200 万立方米；

Ⅲ类：总容量为 200 万~500 万立方米；

Ⅳ类：总容量为 100 万~200 万立方米。

填埋场建设规模按日处理能力分为四级：

Ⅰ级：日处理量为 1200t 以上；

Ⅱ级：日处理量为 500~1200t；

Ⅲ级：日处理量为 200~500t；

Ⅳ级：日处理量为 200t 以下。

D　社会和法律影响因素

社会和法律影响因素主要是指要考虑填埋场的选址应不妨碍城市、区域的发展规划，考虑公众的反应，以及符合现行环境保护的有关法律和法规。

为了方便选址及工程设计，表 2-2 列出了卫生填埋场选址的影响因素及指标以供参考。

表 2-2　卫生填埋场选址的影响因素及指标

项目	名称	推荐性指标	排除性指标	参考资料
地质条件	基岩深度	大于 15m	小于 9m	相关资料
	地质性质	页岩，非常细密均质透水性差的岩层	有裂缝的、破裂的碳酸岩层，任何破裂的其他岩层	
	地震	0~1 级地区（其他震级或烈度在 4 级以上应有防震抗震措施）	3 级以上地震区（其他震级或烈度在 4 级以上应有防震抗震措施）	
	地壳结构	距现有断层>1600m	距现有断层<1600m（在考古，古生物学方面的重要意义地区）	
自然地理条件	场地位置	高地，黏土盆地	湿地、洼地、洪水、漫滩	
	地势	平地或平缓的坡地，平面作业法坡度小于 10% 为宜	石坑，沙坑，卵石坑，与陡坡相邻或冲沟，坡度大于 25%	

项目	名称	推荐性指标	排除性指标	参考资料
自然地理条件	土壤层深度	大于 100cm	小于 25cm	CJJ 17—2004
	土壤层结构	淤泥、沃土、黄黏土渗透系数 $k<10^{-7}$ cm/s	经人工碾压后渗透系数 $k>10^{-7}$ cm/s	
	土壤层排水	较畅通	很不畅通	
水文条件	排水条件	易于排水的地表及干燥地表	易受洪水泛滥、受淹地区、洪泛平原	
	地表水影响	离河岸距离大于 1000m	湿地、河岸边的平地及 50 年一遇的洪水漫滩	GB 3838—2002 标准 I～V
	分割距离	与湖泊、沼泽相距至少大于 1000m，与河流相距至少 600m	与任何河流距离小于 50m，至流域分水岭 8km 以内	GB 3838—2002
	地下水	地下水较深地区	地下水渗漏、喷泉、沼泽等	GB/T 14848—1993
	地下水水源	具有较深的基岩和不透水覆盖层厚度大于 2m	不透水覆盖层厚度小于 2m，$k>10^{-7}$ cm/s	GB 5749—2006 GB/T 14848—1993
	水流方向	流向场址	流离场址	相关资料
	距水源距离	距具备饮水水源大于 800m	距具备饮水水源小于 800m	CJ 3020—1993
气象条件	降雨量	蒸发量超过降雨量 10cm	降雨量超过蒸发量地区应做相应处理	相关资料
	暴风雨	发生率较低的地区	位于龙卷风和台风经过地区	
	风力	具有较好的大气混合扩散作用下风向，白天人口不密集地区	空气流不畅，在下风向 500m 处有人口密集区	参照德国标准
交通条件	距离公用设施	大于 25m	小于 25m	相关资料
	距离国家主要公路	大于 300m	小于 50m	
	距离飞机场	大于 10km	小于 8km	
资源条件	土地利用	与现有农田相距大于 30m	与现有农田相距小于 30m	GB 8172—1987
	黏土资源	丰富、较丰富	贫土、外运不经济	相关资料
	人文环境条件，人口位置	人口密度较低地区大于 500m，离城市水源大于 10km	与公园文化娱乐场小于 500m，距饮水井 800m 以内，距地表水取水口 1000m 内	CJ 3020—1993 GB 5749—2006
	生态条件	生态价值低，不具有多样性、独特性的生态地区	稀有、濒危物种保护区	《固废法》第二十二条
	使用年限	大于 10 年	不大于 8 年	CJJ 17—2004

2.5.3 卫生填埋场总体设计

2.5.3.1 卫生填埋场设计的工程内容

填埋场总图中的主体设施布置内容应包括计量设施，基础处理与防渗系统，地表水及地下水导排系统，场区道路，垃圾坝，渗滤液导流系统，渗滤液处理系统，填埋气体导排及处理系统，封场工程及监测设施等。

填埋场配套工程及辅助设施和设备应包括进场道路，备料场，供配电，给排水设施，生活和管理设施，设备维修、消防和安全卫生设施，车辆冲洗、通信、监控等附属设施或设备。填埋场宜设置环境监测室、停车场，并宜设置应急设施（包括垃圾临时存放、紧急照明等设施）。

生产、生活服务设施包括办公、宿舍、食堂、浴室、交通、绿化等。

图 2-31 所示为填埋场典型布置示意图。

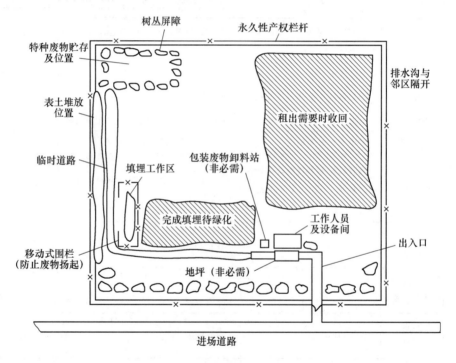

图 2-31 填埋场典型布置示意图

2.5.3.2 设计程序

进行填埋场设计时，首先应进行填埋场地的初步布局，勾画出填埋场主体及配套设施的大致方位，然后根据基础资料确定填埋区容量、占地面积及填埋区构造，并做出填埋作业的年度计划表。再分项进行渗滤液控制、填埋气体控制、填埋分区、防渗工程、防洪及地表水导排、地下水导排、土方平衡、进场道路、垃圾坝、环境监测设施、绿化及生产生活服务设施、配套设施的设计，提出设备的配置表，精心规划合理布局，最终形成总平面布置图，并提出封场的规划设计。垃圾填埋场由于所处的自然条件和垃圾性质的不同，其堆高、运输、排水、防渗等各有差异，工艺上也有一些变化。这些外部的条件造成填埋场的投资和运营费用相差很大，需精心设计。填埋场的总体设计思路，如图 2-32 所示。

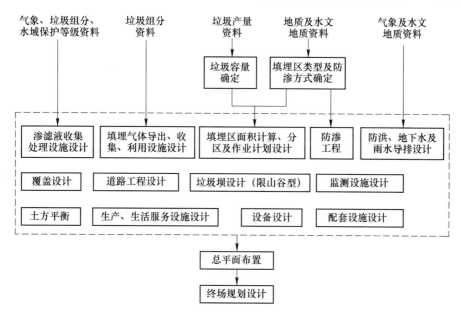

图 2-32 填埋场主题设计思路

2.5.3.3 卫生填埋场的防渗系统

在填埋场设计中，衬层的处理是一个关键问题。其类型取决于当地的工程地质和水文地质条件。为了阻隔渗滤液和填埋气体污染周围的水体、空气和土壤环境，常常在填埋场底部和周边铺设低渗透性材料建立衬层系统来达到密封目的。一般来说，无论是哪种类型的填埋场都必须加设一种合适的防渗层，除非在干旱地区，那里的填埋场能确保不污染地下水。

A 防渗系统的构成及其作用

填埋场防渗系统从上至下通常包括过滤层、排水层（包括渗滤液收集系统）、保护层和防渗层等。

过滤层的作用是保护排水层，过滤掉渗滤液中的悬浮物和其他固态、半固态物质，否则这些物质会在排水层中积聚，造成排水系统堵塞，使排水系统效率降低甚至完全失效。

排水层的作用是及时将被阻隔的渗滤液排出，减轻对防渗层的压力，减少渗滤液外渗可能性。

保护层的功能是对防渗层提供合适的保护，防止防渗层受到外界影响而被破坏。如石料或垃圾对其上表面的刺穿，应力集中造成膜破损，导致黏土等矿物质受侵蚀等。

防渗层的功能是通过铺设渗透性低的材料来阻隔渗滤液于填埋场中，防止其迁移到填埋场之外的环境中，同时也可以防止外部的地表水和地下水进入填埋场中。防渗层是衬层系统的关键层。

B 防渗材料

任何材料都有一定的渗透性，填埋场所选用的防渗衬层材料通常可分为三类。

　　a　无机天然防渗材料

　　无机天然防渗材料主要有黏土、亚黏土、膨润土等。在有条件的地区，黏土衬层较为经济，曾被认为是废物填埋场唯一的防渗衬层材料，至今仍在填埋场中被广泛采用。在实际工程中还广泛将该类材料加以改性后作为防渗层材料，统称为黏土衬层。天然黏土和人工改性黏土是构筑填埋场结构的理想材料，但严格地说，黏土只能延缓渗滤液的渗漏，而不能阻止渗滤液的渗漏，除非黏土的渗透性极低（通常为 10^{-7} cm/s 或更小）且有较大的厚度。天然黏土单独作为防渗材料必须符合一定的标准，黏土的选择主要根据现场条件下所能达到的压实渗透系数来确定。

　　b　天然和有机复合防渗材料

　　天然和有机复合防渗材料主要有聚合物水泥混凝土（PCC）、沥青水泥混凝土。

　　c　人工合成有机材料

　　人工合成有机材料主要有塑料卷材、橡胶、沥青涂层等，这类人工合成有机材料通常称为柔性膜。高密度聚乙烯（HDPE）是最常用的柔性膜，渗透系数达到 10^{-12} cm/s，甚至更低。几种主要柔性膜的性能列于表2-3。

表 2-3　几种主要柔性膜的性能

项　　目	密度/g·cm^{-3}	热膨胀系数	抗拉强度/MPa	抗刺穿强度/Pa
高密度聚乙烯	大于0.935	1.25×10^{-5}	33.08	245
氯化聚乙烯	1.3~1.37	4×10^{-5}	12.41	98
聚氯乙烯	1.24~1.3	4×10^{-5}	15.16	1932

　　C　防渗系统的类型

　　根据填埋场场底防渗设施（或材料）铺设方向的不同，可将场底防渗分为垂直防渗和水平防渗，根据所用防渗材料的来源不同又可将水平防渗分为自然防渗和人工防渗两种，填埋场场底防渗系统详细分类如图2-33所示。

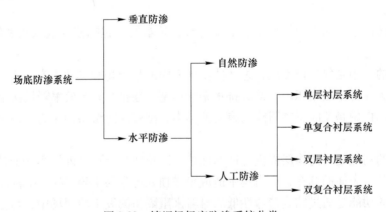

图 2-33　填埋场场底防渗系统分类

　　a　垂直防渗系统

　　填埋场的垂直防渗系统是根据填埋场的工程、水文地质特征，利用填埋场基础下方存在的独立水文地质单元、不透水或弱透水层等，在填埋场一边或周边设置垂直的防渗工程

（如防渗墙、防渗板、注浆帷幕等），将垃圾渗滤液封闭于填埋场中进行有控导出，防止渗滤液向周围渗透污染地下水和填埋场气体无控释放，同时也有阻止周围地下水流入填埋场的功能。

垂直防渗系统在山谷型填埋场中应用较多，这主要是由于山谷型填埋场大多数具备独立的水文地质单元条件，在平原区填埋场中也有应用，但应用时必须十分谨慎。垂直防渗系统可以用于新建填埋场的防渗工程，也可以用于老填埋场的污染治理工程；尤其对不准备清除已填垃圾的老填埋场，其基地防渗是不可能的，此时周边垂直防渗就特别重要。

根据施工方法的不同，通常采用的垂直防渗工程有土层改性法防渗墙、打入法防渗墙和工程开挖法防渗墙等。

b 水平防渗系统

填埋场的水平防渗系统是在填埋场场底及其四壁基础表面铺设防渗衬层（如黏土、膨润土、人工合成防渗材料等），将垃圾渗滤液封闭于填埋场中进行有控导出，防止渗滤液向周围渗透污染地下水和填埋场气体无控释放，同时也有阻止周围地下水流入填埋场的功能。

（1）自然防渗系统主要是利用黏土来作为防渗衬层，一般可分为单层与双层黏土防渗系统。

（2）人工防渗系统是指采用人工合成有机材料（柔性膜）与黏土结合作为防渗衬层的防渗系统。根据填埋场渗滤液收集系统、防渗系统和保护层、过滤层的不同组合，一般可分为单层衬层防渗系统、单复合衬层防渗系统、双层衬层防渗系统和双复合防渗衬层系统。

1）单层衬层防渗系统（图2-34）只有一层防渗层，其上是埋设了渗滤液收集管道的排水层和保护层，必要时其下有一个地下水收集系统和一个保护层。

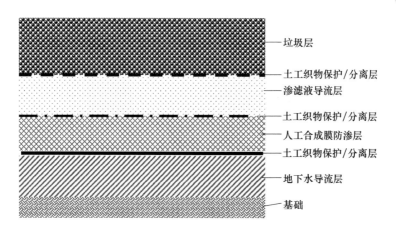

垃圾层
土工织物保护/分离层
渗滤液导流层
土工织物保护/分离层
人工合成膜防渗层
土工织物保护/分离层
地下水导流层
基础

图2-34 单层衬层防渗系统

2）单复合衬层防渗系统（图2-35）整体结构与单层衬层防渗系统相似，但采用的是复合防渗层，即由两种防渗材料相贴而成的防渗层。比较典型的复合结构是上为柔性膜，其下为黏土层。复合衬层系统综合了物理、水力特点不同的两种材料的优点。当柔性膜局部破损渗漏时，黏土层还能阻滞渗滤液的下渗。

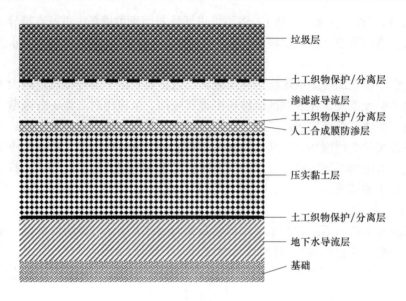

图 2-35　单复合衬层防渗系统

3）双层衬层防渗系统（图 2-36）有两层防渗层，主次渗滤液导流层和两层防渗层相间安排，有利于渗滤液的进一步收集，防渗效果优于单层防渗系统，但土方工程费用很高。

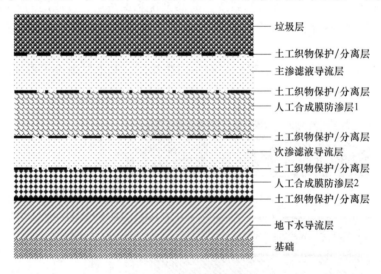

图 2-36　双层衬层防渗系统

4）双复合衬层防渗系统（图 2-37）整体结构与双层衬层防渗系统相似，但采用的是复合防渗层。这种结构结合了单复合衬层系统和双层系统的优点，防渗效果最好，还具有抗损坏能力强、坚固性好等优点，但其造价也最为昂贵。

　　D　衬层系统的选择及设计步骤

填埋场场地防渗系统的选择应根据环境标准要求、场区地质、水文和工程地质条件、衬层系统材料来源、废物的性质及衬层材料的兼容性、施工条件、经济可行性等因素进行综合考虑。

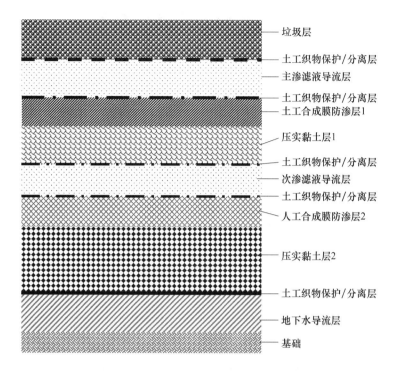

图 2-37 双复合衬层防渗系统

右侧标注（从上到下）：
垃圾层
土工织物保护/分离层
主渗滤液导流层
土工织物保护/分离层
土工合成膜防渗层1
压实黏土层1
土工织物保护/分离层
次渗滤液导流层
土工织物保护/分离层
人工合成膜防渗层2
压实黏土层2
土工织物保护/分离层
地下水导流层
基础

　　一般来说，垂直防渗系统的造价比水平防渗系统的低，自然防渗系统的造价比人工防渗系统的低，单层衬层防渗系统、单复合衬层防渗系统、双层衬层防渗系统和双复合防渗衬层系统的造价依次增大。在场区地质、水文、工程地质满足要求的条件下，尤其是场区具有单独的水文地质条件，可选择垂直防渗系统。如果在场区附近有黏土，应使用黏土作衬层系统的防渗层和保护层，以降低工程投资；如果没有质量高的黏土，但有粉质黏土，则衬层可采用质量较好的膨润土来改性粉质黏土，使其达到防渗设计要求；如果没有足够的天然防渗材料，则采用有柔性膜或天然与人工合成材料组成的人工防渗系统。

　　如果填埋场场地高于地下水水位，或场地低于地下水但地下水的上升压力不至于破坏衬垫层时，可采用单层衬层防渗系统。如果填埋场场地的工程、水文地质条件不理想，或者对场地周边环境质量要求严格，则应选择复合衬层防渗系统。双层衬层防渗系统和双复合衬层防渗系统一般用于危险废物安全填埋场，在我国目前的经济、技术条件下，这两种防渗系统近期很难在我国生活垃圾填埋场中得到广泛应用。

　　另外，根据填埋场地质情况，可采用垂直防渗与水平防渗相结合的技术。例如，上海老港填埋场地处沿海，地下水水位很高，由于地下水的浮托作用，水平防渗很难施工，其防渗层极易被破坏。因此，在老港填埋场四期，采用了垂直与水平相结合的工程措施，确保防渗膜的安全。

　　人工衬层如果失效，主要原因大多数是铺设过程中造成的，只有底面具备一定规定铺设条件才能进行铺设作业，常采用的保护措施包括排出场底积水、用下垫料防止地基的凹凸不平、用上垫料防止外来的机械损伤，以及在坡脚和坡顶处的锚固沟等。可能影响衬层可靠性的主要因素见表2-4。

表 2-4　可能影响衬层可靠性的主要因素

不利因素		可能会引起的问题
水文地质条件	地震地带	不稳定，衬层易破坏
	地面沉降地区	黏土层裂缝，人造层接缝处开裂
	地下水位高	衬层被抬高或破裂
	有孔隙	衬层破裂
	灰岩坑	衬层破坏
	浅表水层有气体	回填之前衬层被抬升
	上层渗透性高	地基需要铺设管道
气候条件	冰冻	裂缝、破裂
	大风	衬层扬起和撕裂
	日晒	使黏土层过于干裂，裂缝进一步扩大，某些人工衬层受紫外线影响而破坏
	温度高	于溶剂吸收水分而引起衬层接缝不牢固

　　物理性损坏一般是由于底部地基不理想、下层土壤的移动、不适当的操作以及水力压差的改变等因素造成的；化学性的损坏则是由于垃圾与衬层材料的化学性质不相容造成的。衬层应铺设在能够支撑在其上部和下部耐力发生变化的地基上，防止由于废物的堆压或底层上升造成的垫层损坏。在铺设衬层之前，应清理基础上可能损坏衬层的物质，如树桩、树根、硬物、尖石块等；地基应保持一定的干燥度，以承受在铺设衬层过程中的压力；应检查材料本身的质量是否均匀，有无破损和缺陷，如洞眼、裂缝等；铺设后，应立即检查衬层的接缝是否焊接牢固。

　　E　衬层系统设计步骤

　　衬层系统设计步骤如下：

　　（1）确定填埋场类型。

　　（2）确定场区地下水功能和保护等级。

　　（3）确定衬层材料及衬层构造。

　　（4）在现场水文地质勘查的基础上，根据场址降雨量及场内渗滤液产生的情况，建立废物浸出液分配模型，以确定防渗层的有关设计参数。

　　（5）考虑衬层的施工及其对衬层的质量的影响。

2.5.4　卫生填埋工艺

　　垃圾处理总体要求是减量化、资源化、无害化。垃圾处理作业程序是计量—倾倒—摊铺—压实—消杀—覆土—封场—绿化。具体来说是垃圾进入填埋场，首先经地磅房称重计量，再按规定的速度、线路运至填埋作业单元，在管理人员指挥下，进行卸料、摊铺、压实并覆盖，最终完成填埋作业。其中摊铺由推土机操作，压实由垃圾专用压实机完成。每天垃圾作业完成后，应及时进行覆盖操作，填埋场单元操作结束后，及时进行终场覆盖，以利于填埋场地的生态恢复和终场利用。生活垃圾卫生填埋典型工艺如图2-38所示。

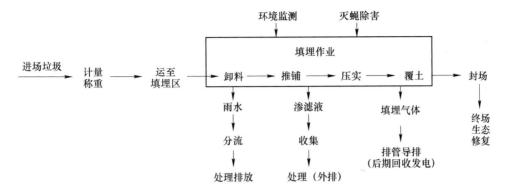

图2-38 典型卫生填埋工艺

2.5.4.1 计量称重

城市垃圾清运车由城区各地进入填埋场，先经过填埋场的地磅房称重，然后沿指定线路进入指定作业区倾倒，倾倒完成后，经清洗干净方可出场。地磅房计量电脑贮存每日每辆垃圾清运车的净清运垃圾量、运输单位、进出场时间、垃圾来源及性质，同时计算累计出每日全市各清运公司及各车的垃圾量，并贮存原始数据于资料库，为政府核拨计算各清运公司的年度经费和垃圾场年度经费提供依据。同时，可通过每年每月的垃圾量反映出当地城市生活垃圾的产生量和增减趋势，为日后垃圾的处理处置提供科学的原始数据。另外，地磅房应与垃圾场环境监测人员配合，不定期的对进场垃圾进行垃圾成分的检测，发现违禁废物严禁进入填埋库区，并及时上报场部，以便及时发现问题及时处理。

2.5.4.2 卸料

通过控制垃圾运输车辆倾倒垃圾的位置，可以使垃圾推铺、压实和覆盖作业变得规划，也更加有序。如果运输车辆通过以前填平的区域，这个区域将被压得更实。采用填坑作业法卸料时，往往设置过渡平台和卸料平台。而采用倾斜面作业法时，则可直接卸料。

2.5.4.3 推铺

卸下的垃圾的推铺由推土机完成，一般每次垃圾推铺厚度达到30~60cm时，进行压实。垃圾推填摊铺作业方法有三种：上行法、下行法和平推法。上行法压实密度强，但设备损耗大、耗油多、成本较高、作业难度较大；下行法压实密度强、设备损耗小、耗油量少、成本较低；平推法使操作面前部形成陡峭的垃圾断面，垃圾堆体稳固性差、压实密度达不到要求，难以形成堆体坡度的要求，此方法为错误作业法。

2.5.4.4 压实

压实是填埋场作业中一道重要工序。填埋体垃圾的初始密度因废物组成、压实程度等因素有所不同，一般介于$300~800kg/m^3$之间，通过实施压实作业使体积重量可达到$1t/m^3$，这能有效增加填埋场的容量，延长填埋场的使用年限以及对土地资源的开发利用。通过压实作业还能减小垃圾气孔率，有利于形成厌氧环境，减少渗入垃圾的降水量及蚊蝇、蛆的滋生，还有利于运输车辆进入作业区。另外，充分压实对填埋场的不均匀沉降现象也有一定的抑制作用。

为了得到最佳的压实密度，废物推铺厚度一般不能超过 6m，压实机的通过遍数（即压实机在一个方向通过垃圾的次数）最好为 3~4 次，一般无论何种类型的压实机的通过遍数超过 4 次，压实密度变化不大，在经济上不合理。压实时，坡度应当保持小一点，一般为 4∶1 或更小一些。另外，对垃圾进行破碎也有利于压实，同时，垃圾破碎后降解速度会加快，从而加速其稳定化进程。

2.5.4.5　覆土

卫生填埋场与露天垃圾堆放场的根本区别之一就是卫生填埋场的垃圾除了每日用一层土或其他覆盖材料覆盖以外，还要求进行中间覆盖和终场覆盖。

在每日的填埋工作结束后还要及时进行日覆盖，其覆盖厚度不小于 15cm。

日覆盖的主要目的是控制疾病、垃圾飞扬、臭味和渗滤液，同时还可控制火灾。日覆盖要求确保填埋层稳定且不阻碍垃圾的生物分解，因而要求覆盖材料具有良好的透气性能，一般选用砂质土。垃圾经压实后，形成平坦的垃圾面，当压实厚度达 30cm 以上，可进行适时覆盖，避免垃圾长时间暴露。在填埋区扩展延伸时，顶部和斜坡也要覆盖，以防止垃圾到处飞扬。

中间覆盖常用于填埋场的部分区域需要长期维持开放（2 年以上）的特殊情况，它的作用是可以防止填埋气体的无序排放，防止雨水下渗，将层面的降雨排出填埋场外等。中间覆盖要求覆盖材料的渗透性能较差，一般选用黏土，覆盖厚度为 30cm 以上。

终场覆盖是填埋场运行的最后阶段，也是最关键阶段，它可减少雨水和其他外来水渗入填埋场内，能控制填埋场气体从填埋场上部释放，抑制病原菌的繁殖，避免地表径流水的污染及垃圾的扩散，避免垃圾与人和动物的直接接触，还有利于表面景观美化和土地再利用等。

2.5.4.6　杀虫

当填埋场温度条件适宜时，幼虫在垃圾层被覆盖之前就能孵出，以致在倾倒区附近出现一群群的苍蝇，以新鲜垃圾处最多，应作为灭蝇重点。灭蝇药物中混剂相对于单剂具有明显的增效作用，但药物的使用会给环境带来一定的污染，因此需掌握药物传播途径，正确使用药剂，控制药剂污染，尽可能减少药剂使用。认真执行填埋工艺，对垃圾的压实、覆盖能有效地降低蝇密度，还可以在填埋场针对性地种植一些驱蝇诱蝇植物，以减少填埋场的灭蝇用药量，防止苍蝇向周边扩散。

通常，垃圾填埋应采用分区、分单元、分层作业方法进行。图 2-39 所示为填埋场剖面示意图。分区是指管理者应根据填埋库区的地形，划定若干个片区。每个片区确定若干个填埋单元，每一单元的垃圾高度一般为 2~4m，最高不得超过 6m。填埋作业时应将工作面尽可能控制到最小，以减少垃圾裸露面，同时也减少垃圾体表面临时覆盖的材料用量，单元作业宽度应根据垃圾进场高峰期车辆数量和作业设备的情况来确定单元宽度，最小宽度不宜小于 6m，单元的坡度不宜大于 1∶3。每一单元作业完成后，应及时进行覆盖，覆盖层厚度宜根据覆盖材料确定，土覆盖层厚度宜为 20~25cm；每一作业区完成阶段性高度后，暂时不在其上继续进行垃圾填埋时，应进行中间覆盖，土覆盖层厚度宜大于 30cm。分层是指垃圾倾倒后要进行摊铺，摊铺厚度应根据压实设备性能、压实次数及垃圾的可压缩性确定。厚度一般不超过 50cm，压实次数不少于 3~4 次，确保垃圾压实密度大于 600kg/m³。

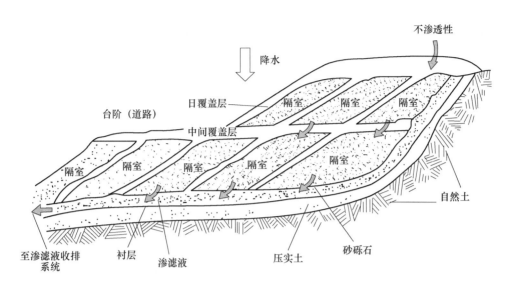

图 2-39 填埋场剖面示意图

分区作业使每个填埋区能在尽可能短的时间内封顶覆盖；有利于填埋计划有序，各个时期的垃圾分布清楚；单独封闭的分区有利于清污分流，大大减少渗滤液的产生。在分区计划中，要明确标明填土方向，以防混乱。一个或几个填埋单元层完工之后，应在表面上铺设渗滤液及填埋场气体收集设施。完工的填埋区段要铺设覆盖层，覆盖层用于尽量减少降雨的入渗量并把降水排离填埋场工作区段，并且将各部分的渗滤液及填埋场气体收集设施进行连接，以便最终形成一个完整的系统继续使用和维护。

2.5.5 卫生填埋场的污染控制

卫生填埋场对环境的影响，主要是生活垃圾在填埋处置过程中产生的含有大量污染物的渗滤液和填埋场气体所造成。渗滤液的污染控制和填埋气体的收集利用是填埋场设计、运行的关键性问题。

2.5.5.1 渗滤液的产生与控制

A 渗滤液的产生

垃圾渗滤液是指垃圾在堆放和填埋过程中由于压实、发酵等生物化学降解作用，同时在降水和地下水的渗流作用下产生了一种高浓度的有机或无机成分的液体。垃圾渗滤液水质复杂，含有多种有毒有害的无机物和有机物。其中有机污染物经技术检测有 99 种之多，还有 22 种已经被列入我国和美国国家环保署的重点控制名单，一种可直接致癌，五种可诱发致癌。除此之外渗滤液中还含有难以生物降解的萘、菲等非氯化芳香族化合物、氯化芳香族化合物，磷酸酯，酚类化合物和苯胺类化合物等。

垃圾渗滤液中 COD_{Cr}、BOD_5 浓度每立方米最高值可达数千至几万毫克每升，和城市污水相比，浓度高得多，所以渗滤液不经过严格的处理、处置是不可以直接排入城市污水处理管道的。一般而言，COD_{Cr}、BOD_5、BOD_5/COD_{Cr} 随填埋场的"年龄"增长而降低，碱度含量则升高。

渗滤液的产生来源主要有降水入渗、外部地表水入渗、地下水入渗、垃圾自身的水分、覆盖材料含水以及有机物分解生成水等，渗滤液产生如图 2-40 所示，其中降水是渗滤液产生的主要来源。

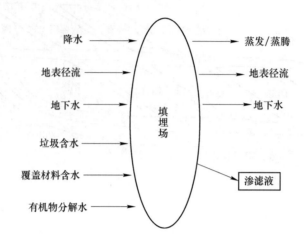

图 2-40　渗滤液产生示意图

从图 2-40 中可看出，填埋场渗滤液的控制思路主要是尽可能减小渗滤液的产生量，而对产生的渗滤液则需要采取措施进行收集处理，并设置隔离措施，避免其进入地表径流或地下水造成污染。

影响渗滤液产生的因素很多，主要有区域降水及气候状况；场地地形、地貌及水文地质条件；填埋垃圾的性质与组分；填埋场构造；操作条件等，并受其他一些因素制约。

在填埋场的实际设计与施工中，可采用由降雨量和地表径流的关系式所推算的经验模型来简单计算渗滤液产生量：

$$Q = CIA/1000$$

式中　Q——渗滤液产生量，m^3/d；

　　　C——浸出系数，填埋区 0.4~0.6，封场区 0.2~0.4；

　　　I——降雨量，mm/d；

　　　A——填埋面积，m^2。

B　渗滤液的性质

由于渗滤液的来源特殊，使得渗滤液具有与城市污水不同的性质。渗滤液的性质主要包含以下几个方面。

a　水质复杂

不同地区的卫生填埋场以及同一卫生填埋场不同时段的渗滤液水质均有很大变化，且水量波动也比较大。渗滤液是一种高浓度的有机废水，除有机污染物外，还含有重金属和氮、磷等植物营养元素。影响渗滤液水质的因素主要为垃圾的成分、颗粒直径、压实程度、填埋年限以及填埋场所处位置的水文气象条件等。

b　金属含量高

渗滤液中含有汞、铬、镉、铅等多种有毒有害的重金属离子。一般情况下，渗滤液中重金属离子的浓度不是很高，但重金属具有富集效应，重金属的富集对环境和人体健康危害比较严重。

c COD$_{Cr}$和BOD$_5$浓度高

渗滤液中有机污染指标浓度变化范围很大，如COD$_{Cr}$最高可达到90000mg/L、BOD$_5$最高可达到38000mg/L。BOD$_5$/COD$_{Cr}$的比值与填埋场运行时间有关，一般BOD$_5$/COD$_{Cr}$开始的3~5年比较高，可达0.3以上，但随着运行时间的持续，其比值逐渐下降，最后可能小于0.1使可生化性降低。

d 氨氮含量较高

渗滤液中氨氮浓度很高，占总氮的90%以上，且氨氮浓度在一定时期随时间的延长会有所升高，主要是因为有机氮转化为氨氮造成的。在中晚期卫生填埋场中，渗滤液中氨氮浓度一般比较高，有时可达到1000~2000mg/L，这也是导致处理难度增大的一个重要原因。

卫生填埋场渗滤液的性质随着填埋场使用年限的不同而发生变化，渗滤液的性质与垃圾的稳定过程有着密切的关系。对于卫生填埋场而言，其稳定过程一般可以分为5个阶段。

a 最初调节阶段

水分在固体垃圾中积累，为微生物的生存、活动提供了必要的条件，这一阶段的时间极短暂，因此，对渗滤液的最终产生量和水质影响不是很大。

b 转化阶段

垃圾中的水分超过其含水能力后便开始渗沥，同时由于大量微生物的活动，系统从有氧状态转化为无氧状态。这一阶段所经历的时间也较短暂，因此，填埋场渗滤液水质在前期污染负荷普遍偏低，对于大型卫生填埋场最终的垃圾渗滤液水质而言影响不很明显，持续时间难以推测。

c 酸性发酵阶段

此阶段碳氢化合物分解成有机酸，并进一步分解为低级脂肪酸，而且渗滤液中主要含的是低级脂肪酸，pH值随之下降。这一阶段持续的时间受填埋场垃圾中有机成分含量的多少、填埋方式、渗滤液回灌情况的影响，一般厌氧型卫生填埋场在没有渗滤液回灌的情况下持续时间可达4年以上，这使得在较长的时间内，渗滤液水质呈黑色、恶臭，SS值高，具有pH值较低、BOD$_5$和COD$_{Cr}$浓度高，BOD$_5$与COD$_{Cr}$的比值大和金属离子浓度较高等特点，其有机物中约90%为可溶的短链挥发性脂肪酸，以乙、丙、丁酸为主，其次是带有较多羧基、羟基和芳香基团的灰黄霉酸。

d 产甲烷阶段

在酸化过程中，由于氨化细菌的活动，使氨氮浓度逐渐增高，氧化还原电位降低，pH值上升，为产甲烷菌的活动创造适宜的条件，专性产甲烷菌将酸化阶段的代谢产物分解成甲烷和二氧化碳。这一阶段主要受填埋垃圾中有机物的影响，持续的时间一般比较长，渗滤液的特点表现为：BOD$_5$和COD$_{Cr}$浓度都较低，BOD$_5$与COD$_{Cr}$比值较低，pH值在7左右，NH$_3$-N浓度高，金属离子浓度低，但剩余有机物中大多为难降解有机物。

e 稳定阶段

本阶段垃圾及渗滤液中有机物得到稳定，氧化还原电位上升，系统缓慢转为有氧状态。此时渗滤液中的 COD_{Cr}、BOD_5 等各项污染指标均较低，氯离子浓度较高，但水质稳定。在填埋场的实际运营过程中，不同位置产生渗滤液的水质也不相同。

因此，在填埋场运营期内，整个填埋场的渗滤液水质是不同阶段的渗滤液综合的结果。

C　控制渗滤液产生量的措施

控制渗滤液产生量的措施如下：

（1）入场垃圾含水率的控制。垃圾进行压实处理后可去除相当一部分的垃圾含水。一般要求控制入场垃圾的含水率小于30%（质量分数）。

（2）控制地表水。地表水的渗入是渗滤液的主要来源之一，对包括降水、地表径流、间歇河和上升泉等所有地表水进行有效控制，可以减少填埋场渗滤液的产生量。可采取的措施有：对间歇暴露地区产生的临时性侵蚀和淤塞进行控制；最终覆盖区域采取土壤加固、植被整修边坡等控制侵蚀；设置截洪沟、溢洪道、排水沟、导流渠、涵洞、雨水贮存塘等阻滞降水进入填埋场区，实行清污分流等。

（3）控制地下水的入渗量。通过设置隔离层、地下水排水管以及抽取地下水等方法来控制浅层地下水的横向流动，使之不进入填埋区。

D　渗滤液的收集系统

渗滤液收集系统的主要功能是将填埋库区内产生的渗滤液收集起来，并通过调节池输送至渗滤液处理系统进行处理，同时向填埋堆体供给空气，以利于垃圾体的稳定化。渗滤液收集系统一般布置于防渗系统的排水层，通常由导流层、收集沟（盲沟）、多孔收集管、集水池、提升多孔管、潜水泵和调节池组成，如果渗滤液收集管直接穿过垃圾主坝接入调节池，则集水池、提升多孔管和潜水泵可省略。

a　导流层

导流层的目的就是将全场的渗滤液顺利导入收集沟内的渗滤液收集管内，防止渗滤液在填埋库区场底蓄积，其厚度不小于300mm，由粒径40~60mm的卵石铺设而成，在卵石来源困难的地区，可考虑用碎石代替，但碎石表面粗糙，易使渗滤液中的颗粒物沉积下来，长时间情况下可能堵塞碎石之间的空隙，对渗滤液的下渗不利。

b　收集沟

收集沟设置于导流层的最低标高处，并贯穿整个场底，断面通常采用等腰梯形或菱形，铺设于场底中轴线上的为主沟，在主沟上依间距30~50m设置支沟，支沟与主沟的夹角采用15的倍数（通常采用60倍数），以利于将来渗滤液收集管弯头的加工与安装，同时在设计时应尽量把收集管道设置成直管段，中间不要出现反弯折点。收集沟中填充卵石或碎石，粒径按上大下小形成反滤，一般上部卵石粒径采用40~60mm，下部采用25~40mm。

c　多孔收集管

多孔收集管按照埋设位置分为主管和支管，分别埋设在主沟和支沟中，管道需进行水力和静力作用测定或计算以确定管径和材质，其公称直径应不小于100mm。开孔率为2%~5%，为了使垃圾体内的渗滤液水头尽可能低，管道安装时要使开孔的管道部分朝下，但孔口不能靠近起拱线，否则会降低管身的纵向刚度和强度。典型的渗滤液多孔收集管断面如图2-41所示。

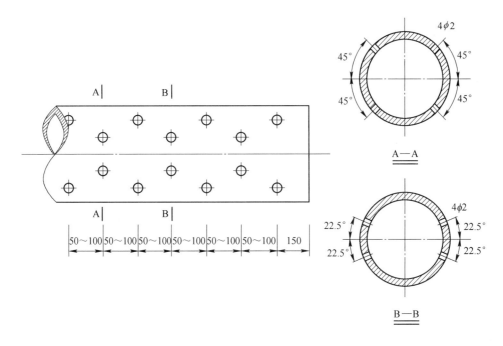

图 2-41 渗滤液多孔收集管断面（单位：mm）

d 渗滤液集水池

渗滤液集水池位于垃圾主坝的最低洼处，以砾石堆填以支撑上覆废物、覆盖封场系统等荷载，全场的垃圾渗滤液汇集到此并通过提升系统越过垃圾主坝进入调节池。山谷型填埋场可利用自然地形的坡降，采用渗滤液收集管直接穿过垃圾主坝的方式，穿坝管不开孔，采用与渗滤液收集管相同的管材，管径不小于渗滤液收集主管的直径。

e 调节池

调节池是渗滤液收集系统的最后环节，主要作用是对渗滤液进行水质和水量的调节，平衡丰水期和枯水期的差异，为渗滤液处理系统提供恒定的水量，同时可对渗滤液水质起到预处理的作用。

E 渗滤液的处理方法

垃圾渗滤液的成分比较复杂，含有大量的有机污染物，属于高浓度污水，BOD_5/COD_{Cr}的比值较低，并且有恶臭、少量的 Hg、Pb、As、Cd 等重金属，细菌、大肠杆菌数也远远超过 3 类水体标准，所有这些对地表水和地下水都构成了严重威胁。

渗滤液的处理一直是卫生填埋场所关注的问题，它制约着填埋场进一步的推广应用。为了解决渗滤液的达标排放问题，需要在技术、经济和环保都可行的基础上确定渗滤液的处理方案。

国内外渗滤液的处理方法一般分为两类，即合并处理和单独处理。

a 合并处理

当填埋场附近有城市生活污水处理厂时，可以选择使用合并处理，这样能够减少填埋场的投资和运行费用。所谓合并处理就是将渗滤液引入城市生活污水处理厂进行处理，有时也包括在填埋场内进行必要的预处理。由于渗滤液的成分比较复杂，该方法必须选择性地采用，否则会造成城市生活污水处理厂的冲击负荷，影响污水处理厂的正常运行。一般认为，进入污水处理厂内的渗滤液的体积不超过生活污水体积的 0.5% 时是比较安全的，而且国内外的研究表明根据不同渗滤液的浓度，这个比例可以提高到 4%~10%，最终的控制标准取决于处理系统的污泥负荷，只要加入渗滤液后污泥负荷不超过 10% 就可以采用该方法。

b 单独处理

渗滤液单独处理的方法包括物理化学法、生物法和土地法等，有时需要几种工艺的组合处理才能达到所要求的排放标准。

（1）物理化学法。物理化学法主要有活性炭吸附、化学沉淀、化学氧化、化学还原、离子交换、膜渗析、气浮及湿式氧化法等多种方法，在 COD_{Cr} 为 2000~4000mg/L 时，物理化学法的 COD_{Cr} 去除率可达 50%~87%。和生物法相比，物理化学法不受水质水量变动的影响，出水水质比较稳定，尤其是对 BOD_5/COD_{Cr} 比值较低（0.07~0.20）、难以生物处理的垃圾渗滤液有较好的处理效果，但是物理化学法处理成本较高，不适于大量垃圾渗滤液的处理。

（2）生物法。生物法分为好氧生物处理、厌氧生物处理以及二者的结合。好氧生物处理包括好氧活性污泥法、好氧稳定塘、生物转盘和滴滤池等。厌氧生物处理包括上向流污泥床、厌氧生物滤池、厌氧固定化生物反应器、混合反应器及厌氧稳定塘等。生物法的运行处理费用相对较低，有机物在微生物的作用下被降解，主要的产物为水、CO_2、CH_4 和微生物的生物体等对环境影响较小的物质（其中 CH_4 可作为能源回收利用），不会产生化学污泥造成环境的二次污染问题。

目前国内外广泛使用生物法，不过该方法用于处理渗滤液中的氨氮比较困难。一般情况下，当 COD_{Cr} 值在 50000mg/L 以上的高浓度时，建议采用厌氧生物法（后接好氧处理）处理垃圾渗滤液；当 COD_{Cr} 浓度在 5000mg/L 以下时，建议采用好氧生物法处理垃圾渗滤液。对于 COD_{Cr} 在 5000~50000mg/L 之间的垃圾渗滤液，好氧或厌氧生物法均可，主要考虑其他相关因素来选择适宜的处理工艺。

（3）土地法。土地法是利用土壤中微生物的降解作用使渗滤液中的有机物和氨氮进行转化，在土壤中有机物和无机胶体的吸附、络合、整合、颗粒的过滤、离子交换和吸附的作用下去除渗滤液中的悬浮固体和溶解成分，而且通过蒸发作用减少渗滤液的产生量。作为最早采用的污水处理方法，土地法主要包括填埋场回灌处理系统和土壤植物处理（S-P）系统。

F 填埋场处理渗滤液的处理工艺

a MBR（反硝化+硝化+UF）+双膜法（NF/RO）MBR+双膜法（NF/RO）

该工艺是近年发展较快的一种新型组合工艺，是以 MBR 单元为工作核心的一种新型系统。膜分离技术与活性污泥法相结合是该工艺的技术特点。MBR 具有能有效降解主要污染物 COD、BOD 和氨氮；100% 生物菌体分离，使出水无细菌和固性物；反应器高效集成，占地面积小；剩余污泥量小，不存在浓缩液处理的问题；运行费用小等优点。然而，单一的 MBR 工艺出水不能达到国家二级以上的排放标准，往往需要配合 NF、RO 等后续处理工艺以满足新的渗滤液排放标准。MBR 之后，采用 NF 单元还是 RO 单元应该根据当地排放标准的情况确定。青岛市小涧西垃圾填埋场、北京市北神树垃圾填埋场、佛山市高明白石坳填埋场、苏州市七子山、山东泰安市等多家垃圾处理厂采用 MBR+ 双膜组合工艺处理垃圾渗滤液,都取得了良好的处理效果,山东滕州市垃圾场采用的分体式 MBR(A/O+UF)+双膜(NF/RO) 组合工艺也已调试成功,运行稳定,出水达标。

b 中温厌氧+MBR(反硝化+硝化+UF)+NF+RO

该工艺用泵把渗滤液从调节池提升至中温厌氧系统主设备厌氧罐内,经过酸化、产酸、产甲烷等过程,把渗滤液中大部分有机污染物去除,使 COD 得到充分降低,出水自流进入浸没式 MBR 段,在此阶段充分硝化与反硝化,脱除氨氮及总氮。MBR 出水相继进入 NF 和 RO 系统,利用膜过滤作用,使各项污染指标充分去除,出水达标排放,也可以贮存,用于地面冲刷和绿化。剩余及老化污泥回灌至填埋区,NF 浓缩液回至调节池,RO 浓缩液回至填埋区。该工艺在北京市安定垃圾卫生填埋场渗滤液处理工程、山东省文登市固体废弃物综合处理场渗滤液处理站工程、北京市阿苏卫垃圾综合处理场渗滤液处理工程、北京市六里屯垃圾卫生填埋场渗滤液处理工程、北京市丰台区马家楼垃圾转运站渗滤液处理工程、四川省峨眉山市垃圾填埋场渗滤液处理工程等均取得良好的效果。

c 多级物化+生化处理法

UASB+立环氧化沟+纯氧生化+臭氧催化氧化+混凝+膜处理

该工艺采用上流式厌氧污泥床（UASB）技术,对 COD 及 BOD 进行去除,降低好氧生化段的进水浓度;采用活性污泥处理技术对易降解有机污染物（以 BOD、NH_3-N、TN 为代表）进行去除。臭氧催化氧化采用强氧化剂,臭氧对污水中的极难降解和不可降解有机污染物进行改性处理,以改变其可生化性,出水回流至前生化段进一步完成去除。混凝将提高水泥分离效果,膜技术的应用将进一步提高出水水质。该工艺在天津市滨海新区汉沽垃圾填埋场渗滤液处理工程、宁波市大岙垃圾填埋场渗滤液处理工程、黄山市垃圾处理场渗滤液处理站工程、马鞍山市向山垃圾场渗滤液处理改扩建工程中均取得较好的效果。

2.5.5.2 填埋气体的控制与利用

在垃圾填埋的最初几周,垃圾体中的氧气被好氧微生物消耗掉,形成了厌氧环境。垃圾中的有机物在厌氧微生物分解作用下产生了以 CH_4 和 CO_2 为主,含有少量 N_2、H_2S、NH_3、易挥发的有机物质、氯氟烃、乙醛、甲苯、苯甲吲哚类、硫醇、硫醚、硫化甲酯的气体,统称为填埋气体。

填埋场产生的填埋气体在大气中排放是有害的,不仅其中的挥发性有机物对空气造成毒性,而且影响周围居民的生存,增加大气温室效应;填埋气体容易聚集迁移,引起垃圾填埋场以及附近地区发生沼气爆炸事故;填埋气体还会影响地下水水质,溶于水中的二氧化碳,增加了地下水的硬度和矿物质的成分。

为阻止填埋场气体的直接向上或是通过填埋场周围土壤的侧向和竖向迁移,进而通过扩散进入大气层,在填埋场内一般设有气体控制系统,用以收集场中填埋废物所产生的气体,并将其用于生产能量或是在有控条件下放空或火化,其目的在于减少对大气的污染。

A 填埋气体的控制系统

填埋场气体的控制系统的作用是减少填埋场气体向大气的排放量和在地下的横向迁

移，并回收利用甲烷气体。填埋场气体的导排方式一般有两种，即主动导排和被动导排。

　　a　主动导排

　　主动导排是采用抽真空的方法来控制气体的运动，其方法是在填埋场内铺设一些垂直导气井或水平的盲沟（抽气沟），用这些管道连接至抽气设备，从而将填埋场气体导排出来。主动导排系统中，抽气流量和负压可以随产气速率的变化进行调整，可最大限度将填埋气体导排出来，抽出的气体可直接利用，具有一定的经济效益，但由于利用机械抽气，运行成本较大。

　　主动导排系统主要由抽气井、集气管、冷凝水收集井和泵站、真空源、气体处理站（回收或焚烧）以及气体监测设备等组成。

　　填埋废气可用竖井或水平沟从填埋场抽出，典型的垂直抽气井和水平抽气沟的剖面示意图分别如图 2-42 和图 2-43 所示。竖井应先在填埋场中打孔，水平暗沟则必须与填埋场的垃圾层一样成层布置。在井或槽中放置部分有孔的管子，然后用砾石回填，形成气体收集带，在井口表面套管的顶部应装上气流控制阀，也可以装气流测量设备和气体取样口。集气管井相互连接形成填埋场抽气系统。

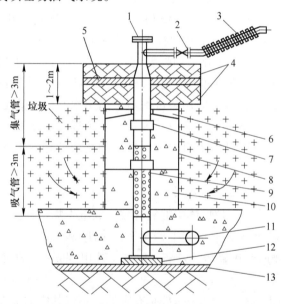

图 2-42　垂直抽气井

1—接点火燃烧器；2—阀门；3—柔性管；4—膨粒土；5, 13—HDPE 薄膜；6—导向块；
7—管接头；8—外套管；9—多孔管；10—砾石；11—渗滤液收集管；12—基座

　　抽气需要的真空压力和气流均通过预埋管网输送至抽气井，主要的气体收集管应设计成环状网络，气体收集管网络如图 2-44 所示。这样可调节气流的分配和降低整个系统的压差。

　　从气流中控制和排除冷凝水对气体收集系统的有效使用非常重要。通常垃圾填埋场内部填埋场气体温度范围在 $16 \sim 52 ℃$，收集管道系统内的填埋场气体温度则接近周边环境温度。在输送过程中，填埋场气体会逐渐冷却，冷凝液含多种有机和无机化学物质，具有腐

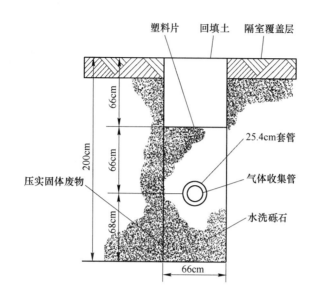

图 2-43 水平抽气沟示意图

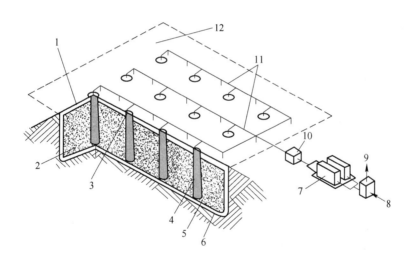

图 2-44 气体收集管网络示意图

1—不透水覆盖层；2—穿孔管；3—黏土填充；4—砾石填充气井；5—压实垃圾；6—不透水衬层；
7—气体净化设备和发电机组；8—变电站；9—电能输送到电网或用户；
10—风机；11—气体收集主管；12—完成的填埋场或隔室

蚀性。填埋废气中的冷凝液集中在气体收集系统的低处，会切断气井中的真空，破坏系统的正常运行。冷凝水分离器可以促进液体水滴的形成并将其从气流中分离出来，重新返回到填埋场或收集到收集池中，每隔一段时间将冷凝液从收集池中抽出一次，处理后排入下水系统。每产生 10000m³ 气体可产生 70~800L 冷凝水，每间隔 60~150m 设置一个冷凝水收集井，及时将这些随气流移动的冷凝水从集气管中分离出来，以防止管子堵塞。

如果填埋场气体收集井群调配不当，填埋废气就会迁离填埋场向周边土层扩散。由于填埋气体易引起爆炸，因此沿填埋场周边的天然土层内均应埋设气体监测设备。

b　被动导排

被动导排就是不用机械抽气设备，填埋气体依靠自身的压力沿导排井和盲沟排向填埋场外。被动导排系统示意图如图2-45所示。被动导排系统适用于小型填埋和垃圾填埋深度较小的填埋场，可用于填埋场的内部和外部。该系统不需机械抽气设备，运行费用低，但排气效率低，有一部分气体仍可能无序迁移，导排出的气体无法利用，也不利于火炬排放，只能直接排放，对环境的污染较大。

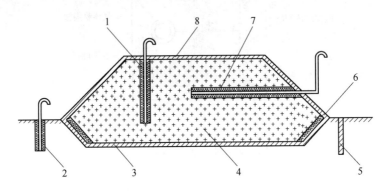

图 2-45　被动导排系统示意图
1—场内集气井；2—场外集气井；3—场底防渗层；4—垃圾；5—隔断墙；
6—场外集气斜沟；7—水平集气沟；8—终场覆盖层

被动导排系统需要在填埋场周边设置排气沟和管路来阻止气体通过土体侧向迁移排放。也可根据填埋场的土体类型，在排气沟外侧设置实体的透水性很小的隔墙、柔性膜、泥浆墙等来增加排气沟的被动排气。

被动排气设施根据设置方向分为竖向收集方式（图2-46）和水平收集方式（图2-47）两种类型。多孔收集管置于废物之上的砂砾排气层内，一般用粗砂做排气层，但有时也用土工布和土工网的混合物代替。水平排气管和垂直提升管通过90°的弯管连接，气体经过垂直提升管排至场外。排气层的上面要覆盖一层隔离层，以使气体停留在土工膜或黏土的表面并侧向进入收集管，然后向上排入大气。排气口可以与侧向气体收集管连接，也可不连接。为防止霜冻膨胀破坏，管子要埋得足够深，要采取措施保护好排气口，以防地表水通过管子进入到废物中。为防止填埋气体直接排放对大气的污染，在竖井上方常安装气体燃烧器。燃烧器可高出最终覆盖层数米以上，可人工或连续引燃装置点火。

B　填埋气体的净化

填埋场气体一般在前期甲烷浓度较低时进入火炬燃烧系统燃烧后排空，在后期才进行开发利用。填埋场气体在利用或直接燃烧前，常需要进行净化处理，去除其中的水、二氧化碳、氮气及硫化氢等一些有害物质。

现有的填埋气体净化技术都是从天然气净化工艺及传统的化工处理工艺发展而来，按反应类型和净化剂种类，填埋气体的净化技术见表2-5。

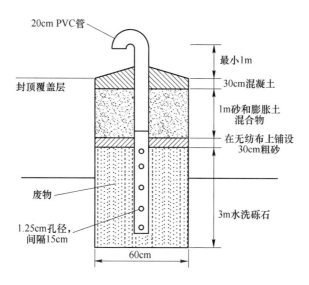

图 2-46 竖向收集方式（单个排气口）

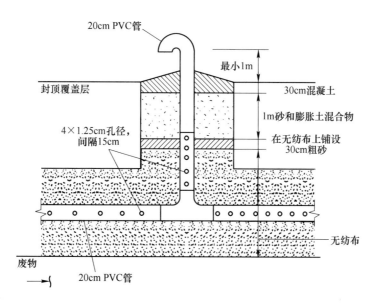

图 2-47 水平收集方式

表 2-5 填埋气体的净化技术

净化技术		水	硫化氢	二氧化碳
固体物理吸附		活性氧化铝硅胶	活性炭	—
液体物理吸收		氯化物 乙二醇	水洗 丙烯酯	水洗
化学吸收	固体	生石灰 氯化钙	生石灰 熟石灰	生石灰

净化技术		水	硫化氢	二氧化碳
化学吸收	液体	—	氢氧化钠 碳酸钠 铁盐 乙醇氨 氧化还原物	氢氧化钠 碳酸钠 乙醇氨
其他		冷凝 压缩和冷凝	膜分离 微生物氧化	膜分离 分子筛

C　填埋气体的利用

填埋场释放气体会对环境和人类造成严重的危害，但填埋气体中甲烷约占 50%。甲烷是一种宝贵的清洁能源，具有很高的热值。填埋气体与气体燃料发热量比较见表 2-6。

表 2-6　填埋气体与气体燃料发热量比较

燃料种类	纯甲烷	填埋气体	煤气	汽油	柴油
发热量/kJ·m^{-3}	35916	9395	6744	30557	39276

由表 2-6 可见，填埋场气体的热值与城市煤气的热值接近，每升填埋场气体中所含的能量约相当于 0.45L 柴油或 0.6L 汽油的能量。

常用的填埋气体利用方式有以下几种：锅炉燃料、民用或工业燃气、汽车燃料、发电等。填埋气体，即沼气，作内燃发动机的燃料，通过燃烧膨胀做功产生原动力，使发动机带动发电机进行发电。目前尚无专用沼气发电机，大多是由柴油或汽油发电机改装而成，容量由 5kW 到 120kW 不等。每发 1kW·h 电约消耗 0.6~0.7m^3 沼气，热效率为 25%~30%。沼气发电的成本略高于火电，但比油料发电便宜得多，如果考虑到环境因素，它将是一个很好的利用方式。沼气发电的简要流程为：沼气→净化装置→贮气罐→内燃发动机→发电机→供电。

2.5.6　封场及土地利用

垃圾填埋场到了使用寿命以后，需要按有关规定进行封场和后期管理。封场是卫生填埋场建设中的一个重要环节。封场的目的在于防止雨水大量下渗，造成填埋场收集到的渗滤液体积剧增，加大渗滤液处理的难度和投入，避免垃圾降解过程中产生的有害气体和臭气直接释放到空气中造成空气污染；避免有害固体废物直接与人体接触；阻止或减少蚊蝇的滋生；封场覆土上栽种植被，进行复垦或作其他用途。封场质量的高低对于填埋场能否处于良好的封闭状态、封场后的日常管理与维护能否安全地进行、后续的终场规划能否顺利实施有至关重要的影响。

填埋场的终场覆盖应由五层组成，从上至下为表层、保护层、排水层、防渗层（包括底土层）和排气层。其中，排水层和排气层并不一定要有，应根据具体情况来确定。排水层只有当通过保护层入渗的水量（来自雨水、融化雪水、地表水、渗滤液回灌等）

较多或者对防渗层的渗透压力较大时才是必要的。而排气层只有当填埋废物降解产生较大量的填埋气体时才需要。各结构层的作用、材料和适用条件列于表2-7中。

表2-7 填埋场终场覆盖系统

结构层	主要功能	常用材料	备注
表层	取决于填埋场封场后的土地利用规划，能生长植物并保证植物根系不破坏下面的保护层和排水层，具有抗侵蚀能力，可能需要地表排水管道等建筑	可生长植物的土壤以及其他天然土壤	需要有地表水控制层
保护层	防止上部植物根系以及挖洞动物对下层的破坏，保护防渗层不受干燥收缩、冻结、解冻等破坏，防止排水层的堵塞，维持稳定	天然土等	需要有保护层，保护层和表层有时可以合并使用一种材料
排水层	排泄入渗进来的地表水等，降低入渗层对下部防渗层的水压力，还可以有气体导排管道和渗滤液回收管道等	砂、砾石、土工网格、土工合成材料、土工布	此层并非必需的，只有通过保护层入渗的水量较多或者对防渗层的渗透压力较大时才是必要的
防渗层	防止入渗水进入填埋废物中，防止填埋气体逸出	压实黏土、柔性膜、人工改性防渗材料和复合材料等	需要有防渗层，通常有保护层、柔性膜和土工布来保护防渗层，常用复合防渗层
排气层	控制填埋气体，将其导入填埋气体收集设施进行处理或利用	砂、土工网格、土工布	只有当废物产生大量填埋气体时才是必需的

表层的设计取决于填埋场封场后的土地利用规划，通常要能生长植物。表层土壤层的厚度要保证植物根系不造成下部密封工程系统的破坏，此外，在冻结区表层土壤层的厚度必须保证防渗层位于霜冻带以下，表层的最小厚度不应小于50cm。在干旱区可以使用鹅卵石替代植被层，鹅卵石层的厚度为10~30cm。

保护层的功能是防止上部植物根系以及挖洞动物对下层的破坏，保护防渗层不受干燥收缩、冻结解冻等的破坏，防止排水层的堵塞，维持稳定等。

排水层的功能是排泄通过保护层入渗进来的地表水等，降低入渗水对下部防渗层的水压力。该层并不是必须有的层，只有当通过保护层入渗的水量（来自雨水、融化雪水、地表水和渗滤液回灌等）较多或者对防渗的渗透压力较大时才是必要的。排水层中还可以有排水管道系统等设施，其最小透水率为10^{-2}cm/s，倾斜度一般≥3%。

防渗层是终场覆盖系统中最为重要的部分，其主要功能是防止入渗水进入填埋废物中，防止填埋场气体逃离填埋场。防渗材料有压实黏土、柔性膜、人工改性防渗材料和复合材料等。防渗层的渗透系数要求$K \leqslant 10^{-7}$cm/s，铺设坡度≥2%。

排气层用于控制填埋场气体，将其导入填埋气体收集设施进行处理或者利用。它并不是终场覆盖系统的必备结构，只有当填埋废物降解产生较大量的填埋场气体时才需要。

覆盖材料的用量与垃圾填埋量的关系为1:4或1:3。覆盖材料包括自然土、工业渣土、建筑渣土和矿化垃圾等。自然土是最常用的覆盖材料，它的渗透系数小，能有效地阻止渗滤液和填埋气体的扩散，但除了掘埋法外，其他类型的填埋场都存在着大量取土而导致的占地和破坏植被问题。用工业渣土和建筑渣土覆盖，不仅能解决自然土取用问题，而且能为废弃渣土的处理提供出路。矿化垃圾筛分后的细小颗粒作为覆盖土也能有效地延长埋场的使用年限，增加填埋容量，因此矿化垃圾可以作为垃圾填埋覆盖材料的来源。

目前，由于人口的高速增长和经济的快速发展，一些大城市急需开发新的闲置地段来满足其对土地日益增长的需求，因此填埋场成为土地开发使用的热点。填埋场封场后，根据现场调查和城市规划，该地可作为公园、植物园、自然保护区和娱乐场所，甚至是商用设施。

2.6　生活垃圾焚烧技术

燃烧是在供有充足氧化剂的条件下含能物质内进行氧化燃烧反应，垃圾焚烧是一种高温热处理技术，以过量的空气与生活垃圾在焚烧设备内进行氧化燃烧反应，垃圾废物中的有毒物质在 800~1200℃ 的高温下氧化、热解而被破坏，同时垃圾所含的能量释放出来。

生活垃圾经过焚烧处理，一般体积可减少 80%~95%。许多可燃性生活垃圾含有潜在的能量，可通过焚烧产生热能。热值低的生活垃圾需添加辅助燃料才能燃烧，这会使运行费用增高，如果有条件辅以适当的废热回收装置，则可降低废物焚烧成本。生活垃圾焚烧热的利用包括供热和发电。生活垃圾的有效热值高时，焚烧热可用于发电。生活垃圾的有效热值不够大时，焚烧热往往用于热交换器及废热锅炉产生热水或蒸汽。另外，焚烧热还可用于预热废物本身、预热燃烧空气等。若对回收热能无十分把握，只能暂时放弃热能的利用，服从焚烧废物这个主要目的。

热能转化为机械能再转化为电能的过程，热效率不高，焚烧炉—废热锅炉典型热效率是 3%，蒸汽透平发电机系统典型热效率只有 30% 左右，如果采用焚烧炉—蒸汽锅炉—透平机—发电机系统回收利用其能量，整个热效率只有 20%。若产生的动力中一部分用于其前端加工系统（破碎、分选），则净输出的动力只占整个热效率的 17.5%。在焚烧处理生活垃圾时，也常常将垃圾焚烧处理前暂时贮存过程中产生的渗滤液和臭气引入焚烧炉焚烧处理。废物焚烧厂按其处理规模和服务范围，分为区域集中处理厂和就地分散处理厂，集中处理厂规模大、设备先进、无害化程度高，有利于能源的回收和利用。

2.6.1　生活垃圾焚烧概念

2.6.1.1　燃烧

通常把具有强烈放热效应、有基态和电子激发态的自由基出现并伴有光辐射的化学反应现象称为燃烧。

2.6.1.2　着火与熄火

着火是燃料与氧化剂由缓慢放热反应，发展到由量变到质变的临界现象。从无反应向稳定的热反应状态的过渡过程即为着火过程。相反，从强烈的放热反应向无反应状况的过渡就是熄火过程。

2.6.1.3　着火条件与着火温度

在一定的初始条件（闭口系统）或边界条件（闭口系统）之下，由于化学反应的剧烈加速，使反应系统在某个瞬间或空间的某部分达到高温反应态（即燃烧态），实现这个过渡的最低条件或边界条件便称为着火条件。着火条件不是一个简单的初温条件，而是化学动力参数和液体力学参数的综合函数。

2.6.1.4 热值

单位质量的垃圾完全燃烧所放出的热量，称为垃圾的发热量或垃圾的热值，用 kJ/kg 或 kcal/kg 计。垃圾的发热量可以通过标准试验测定，即氧弹测热仪测量，或者通过元素组成做近似计算。最常用的方法是将混合垃圾试件分类，求出其组成物的百分比，然后测定各组成物质单一质量的热值，最后采用比例求和的方法得到混合垃圾的热值。

2.6.1.5 燃烧过程

从过程技术的观点看，垃圾的焚烧分为 3 个阶段：干燥加热阶段、焚烧阶段和燃尽阶段。

2.6.2 生活垃圾焚烧的产物

生活垃圾中可燃的固体废物基本是有机物，由大量的碳、氢、氧元素组成，有些还含有氮、硫、磷和卤素等元素。这些元素在焚烧过程中与空气中的氧起反应，生成各种氧化物或部分元素的氢化物：

（1）有机碳的焚烧产物是 CO_2 气体。

（2）有机物中氢的焚烧产物是 H_2O；若有氟或氯存在，也可能有它们的氢化物生成。

（3）固体废物中的有机硫和有机磷，在焚烧过程中生成 SO_2 或 SO_3 以及 P_2O_5。

（4）有机氮化物的焚烧产物主要是气态的 N_2，也有少量的氮氧化物生成。

（5）有机氟化物的焚烧产物是 HF。

（6）有机氯化物的焚烧产物是 HCl。

（7）有机溴化物和碘化物焚烧后生成 HBr 及少量 Br_2 以及元素碘。

（8）根据焚烧元素的种类和焚烧温度，金属在焚烧后可生成卤化物、硫酸盐、磷酸盐、碳酸盐、氢氧化物和氧化物等。

2.6.3 生活垃圾焚烧效果评价

2.6.3.1 焚烧效果

在实际的燃烧过程中，由于操作条件不能达到理想效果，致使生活垃圾燃烧不完全。不完全燃烧的程度反映焚烧效果的好坏，评价焚烧效果的方法有多种，有时需要两种甚至两种以上的方法才能对焚烧效果进行较全面的评价。评价焚烧效果的方法一般有目测法、热灼减量法及一氧化碳法等：

（1）目测法是通过肉眼观察生活垃圾焚烧产生的烟气的"黑度"来判断焚烧效果，烟气越黑，焚烧效果越差。

（2）热灼减量法是根据焚烧炉渣中有机可燃物的量（即未燃尽的固定碳）来评价焚烧效果的方法。热灼减量指生活垃圾焚烧炉渣中的可燃物在高温、空气过量的条件下被充分氧化后，单位质量焚烧炉渣的减少量。热灼减量越大，燃烧反应越不完全，焚烧效果越差；反之，焚烧效果越好。利用热灼减量表示的焚烧效率的计算公式如下：

$$E_s = \left(1 - \frac{W_L}{W_f} \right) \times 100$$

式中　E_s——焚烧效率,%；

　　　W_L——单位质量生活垃圾焚烧炉渣的热灼减量,kg；

　　　W_f——单位质量生活垃圾中的可燃物量,kg。

（3）一氧化碳法。一氧化碳是生活垃圾焚烧烟气中的不完全燃烧产物之一,常用烟气中 CO 的含量来表示焚烧效果。烟气中的 CO 含量越高,垃圾的焚烧效果越差；反之,焚烧反应进行得越彻底,焚烧效果越好。用烟气中 CO 含量表示的焚烧效率计算公式如下：

$$E_g = \frac{c_{CO_2}}{c_{CO} + c_{CO_2}} \times 100$$

式中　E_g——焚烧效率,%；

　　　c_{CO_2}——烟气中的 CO_2 含量,%；

　　　c_{CO}——烟气中的 CO 含量,%。

2.6.3.2　有害有机废物焚烧效果要求

有害有机废物经焚烧处理后,要求达到以下 3 个标准。

A　主要有害有机组分破坏去除率

主要有害有机组分（principle organic hazardous constituents,POHC）的破坏去除率（destruction and removal eficiency,DRE）要达到 99.99% 以上。DRE 定义为从废物中除去的 POHC 的质量分数,即：

$$DRE(\%) = \frac{W_{POHC进} - W_{POHC出}}{W_{POHC进}} \times 100$$

对每个指定的 POHC 都要求达到 99.99% 以上。

B　HCl 排放量

HCl 的排放量应符合从焚烧炉烟囱排出的 HCl 量在进入洗涤设备之前小于 1.8kg/h 的要求,若达不到这个要求,则经过洗涤设备除去 HCl 的最小洗涤率为 99.0%。

C　烟气颗粒物含量

烟气的排放颗粒物应控制在 $183mg/m^3$,空气过量率为 50%。

2.6.3.3　垃圾焚烧烟气排放标准

生活垃圾在焚烧过程中会产生新的污染物,处理不当就可能造成二次污染。对焚烧设施排放的大气污染物控制项目大致包括 4 个方面：

（1）烟尘,常将颗粒物、黑度、总碳量作为控制指标。

（2）有害气体,包括 SO_2、HCl、HF、CO 和 NO_x。

（3）重金属元素单质或其化合物,如 Hg、Cd、Pb、Ni、Cr、As 等。

（4）有机污染物,如二噁英,包括多氯代二苯并-对-二噁英（PCDDs）和多氯代二苯并呋喃（PCDFs）。

我国目前关于废物焚烧处理的标准有两个行业标准：《生活垃圾焚烧污染控制标准》（GWKB—2000）和适用于医疗垃圾焚烧的《医疗垃圾焚烧环境卫生标准》（CJ 3036—1995）。有关危险废物和城市垃圾焚烧处理环境保护的标准正在制定中。我国垃圾焚烧烟气污染物的主要排放指标见表 2-8。

表 2-8 我国垃圾焚烧烟气污染物的主要排放指标

标　准	SO_2	NO_x	CO	HCl	烟尘
GWKB—2000/mg·m^{-3}	≤260	≤400	≤150	≤75	80
CJ 3036—1995/kg·h^{-1}	11.0	6.0	120.0	0.4	200

2.6.4 生活垃圾焚烧的影响因素

影响生活垃圾焚烧过程的因素有许多，但主要因素是：生活垃圾的性质、停留时间、燃烧温度、湍流度、空气过量系数等。其中停留时间、焚烧温度和湍流度被称为"3T"要素，是反映焚烧炉性能的主要指标。

2.6.4.1 停留时间

废物中有害组分在焚烧炉内处于焚烧条件下，该组分发生氧化、燃烧，使有害物质变成无害物质所需的时间称为停留时间。停留时间直接影响焚烧的完全程度，停留时间也是决定炉体容积尺寸的重要依据。

为了使生活垃圾能在炉内完全燃烧，需要其在炉内有足够的停留时间。一般认为，生活垃圾需要的停留时间与其固体颗粒的平方近似成正比，固体粒度越细，与空气的接触面越大，燃烧速度就越快，垃圾在炉内的停留时间也就越短。生活垃圾燃烧所需要的停留时间与含水量也有一定的关系，一般来说垃圾含水量越大，干燥所需的时间越长，其在炉内的停留时间也就越长。此外，停留时间还有一层意思就是指燃烧烟气在炉内所停留的时间。燃烧烟气在炉内停留时间决定了气态可燃物的完全燃烧程度。一般来说，燃烧烟气在炉内停留的时间越长，气态可燃物的完全燃烧程度就越高。

应尽可能根据工业性试验的结果来获得特定生活垃圾完全焚烧所需的停留时间的数据。对缺少试验手段或难以确定废物焚烧停留时间的情况，以下几个经验数据可供参考：

（1）对于垃圾焚烧，如温度维持在 850~1000℃ 之间，有良好搅拌与混合，使垃圾的水分易蒸发，燃烧气体在燃烧室的停留时间为 1~2s。

（2）对于一般有机废液，在较好的雾化条件及正常的焚烧温度条件下，焚烧所需的停留时间在 0.3~2s 之间，而较多的实际操作表明停留时间为 0.6~1s。

（3）含氰化合物的废液较难焚烧，一般需较长时间，约 3s。

（4）对于废气，除去恶臭的焚烧温度并不高，其所需的停留时间不需太长，一般在 1s 以下。例如在油脂精制过程中产生的恶臭气体，在 650℃ 焚烧温度下只需 0.3s 的停留时间，即可达到除臭效果。

2.6.4.2 焚烧温度

生活垃圾的焚烧温度一般是指其焚烧所能达到的最高温度。由于垃圾焚烧原料和焚烧目的等方面的特殊性，垃圾的焚烧温度具有特指的概念，即垃圾焚烧温度是指城市生活垃圾中的有害组分在高温下氧化、分解直至破坏所需达到的温度。垃圾的焚烧温度比其着火温度高得多。

生活垃圾的焚烧温度越高，燃烧速度越大，有毒可燃物分解得越彻底，垃圾焚烧得越完全，焚烧效果越好。一般来说生活垃圾的焚烧温度与生活垃圾的燃烧特性有直接的关系，生活垃圾的热值越高、水分越低，焚烧温度也就越高，通常要求生活垃圾的焚烧温度高于800℃。一般来说，提高焚烧温度有利于废物中有机毒物的分解和破坏，并可抑制黑烟的产生。但过高的焚烧温度不仅增加了燃料消耗量，而且会增加废物中金属的挥发量及氮氧化物的数量，引起二次污染。因此不宜随意确定较高的焚烧温度。

垃圾焚烧的合适温度与垃圾在焚烧设备内的停留时间相关联，一般由在一定的停留时间下达到完全焚烧的试验结果确定。大多数有机物的焚烧温度范围在800~1100℃之间，通常在800~900℃之间。

以下经验数值可供参考：对于废气的脱臭处理，采用800~950℃的焚烧温度可取得良好的效果；当废物粒子在0.01~0.51μm之间，并且供氧浓度与停留时间适当时，焚烧温度在900~1100℃即可避免产生黑烟；含氯化物的废物焚烧，温度在800℃以上时，氯气可以转化为氯化氢，回收利用或以水洗涤除去，低于800℃会形成氯气，难以除去；含有碱土金属的废物焚烧，一般控制在800℃以下，因为碱土金属及其盐类一般为低熔点化合物，当废物中灰分较少不能形成高熔点炉渣时，这些熔融物容易与焚烧设备的耐火材料和金属零件发生腐蚀而损坏炉衬和设备；焚烧含氰化物的废物时，若温度达850~900℃，氰化物几乎全部分解；焚烧可能产生氮氧化（NO_x）的废物时，温度控制在1500℃以下，过高的温度会使NO_x急骤产生；高温焚烧是防治PCDDs与PCDFs的最好方法，估计在925℃以上这些毒性有机物即开始被破坏，足够的空气与废气在高温区的停留时间可以再降低破坏温度。

2.6.4.3　湍流度

要使垃圾燃烧完全，减少污染物形成，必须使垃圾与助燃空气充分接触、燃烧气体与助燃空气充分混合。湍流度是表征垃圾和空气混合程度的指标。其值越大，垃圾和空气的混合程度越高，有机可燃物的燃烧反应也就越完全。

生活垃圾燃烧炉内的高湍流环境是靠燃烧空气的搅动来达到的，加大空气供给量、采用适宜的空气供给方式，可以提高湍流度，改善传热与传质的效果，有利于垃圾的完全燃烧。

为增大固体与助燃空气的接触和混合程度，扰动方式是关键所在。焚烧炉所采用的扰动方式有空气流扰动、机械炉排扰动、流态化扰动及旋转扰动等，其中以流态化扰动方式效果最好。

中小型焚烧炉多数属固定炉床式，扰动多由空气流动产生，包括以下两种：

（1）炉床下送风。助燃空气自炉床下送风，由废物层空隙中窜出，这种扰动方式易将不可燃的底灰或未燃碳颗粒随气流带出，形成颗粒物污染，废物与空气接触机会大，废物燃烧较完全，焚烧残渣热灼减量较小。

（2）炉床上送风。助燃空气由炉床上方送风，废物进入炉内时从表面开始燃烧，优点是形成的粒状物较少，缺点是焚烧残渣热灼减量较高。

二次燃烧室内氧气与可燃性有机蒸气的混合程度取决于二次助燃空气与燃烧气体的相互流动方式和气体的湍流程度。湍流程度可由气体的雷诺数决定。雷诺数低于10000时，湍流与层流同时存在，混合程度仅靠气体的扩散达成，效果不佳；雷诺数越高，湍流程度越高，混合越理想。一般来说，二次燃烧室气体速度在3~7m/s之间即可满足要求。如果气体流速过大，混合度虽大，但气体在二次燃烧室的停留时间会降低，反应反而不易完全。

2.6.4.4 生活垃圾的性质

生活垃圾的热值、组分、含水量、尺寸等是影响其焚烧效果的主要因素。热值越高，燃烧过程越易进行，燃烧效果越好。垃圾尺寸越小，单位比表面积越大，燃烧过程中垃圾与空气的接触越充分，传热传质的效果越好，燃烧越完全。

2.6.4.5 过剩空气系数

在实际的燃烧系统中，仅供给理论空气量，氧气与可燃物质无法完全达到理想程度的混合及反应。为使燃烧完全，需要加上比理论空气量更多的助燃空气量，以使废物与空气能完全混合燃烧。

过剩空气系数（m,%）用于表示实际空气与理论空气的比值，定义为：

$$m = \frac{A}{A_0}$$

式中 A_0——理论空气量；

     A——实际供应空气量。

过剩空气系数对生活垃圾的燃烧状况有很大的影响，供给适量的过剩空气是有机可燃物完全燃烧的必要条件。增大过剩空气系数既可以提供过量的氧气，又可以增加焚烧炉内湍流度，有利于生活垃圾的燃烧。但过剩空气系数过大又有一定的副作用，过剩空气系数过大既降低了炉内燃烧温度，又增大了垃圾燃烧烟气的排放量。常见燃烧设备的过剩空气系数见表2-9。

表 2-9 常见燃烧设备的过剩空气系数

燃烧设备	过剩空气系数	燃烧设备	过剩空气系数
小型锅炉及工业炉（天然气）	1.2	大型工业锅炉（燃油）	1.3~1.5
大型锅炉及工业炉（燃料油）	1.3	废气焚烧炉	1.3~1.5
大型工业锅炉（天然气）	1.05~1.10	液体焚烧炉	1.4~1.7
大型工业锅炉（燃料油）	1.05~1.15	流动床焚烧炉	1.31~1.5
大型工业锅炉（燃煤）	1.2~1.4	固体焚烧炉（旋窑，多层炉）	1.8~2.5
流动床锅炉（燃煤）	1.2~1.3		

2.6.5 生活垃圾焚烧设备

2.6.5.1 焚烧设备分类

目前在世界各地应用的垃圾焚烧炉有很多种。焚烧炉可按焚烧室的结构分类，也可按炉型分类。垃圾焚烧技术经历了将近130年的发展过程，技术和设备已经日臻完善并得到了广泛的应用。现代垃圾焚烧炉的主要形式和垃圾焚烧系统主要有以下几类。

A 垃圾层燃焚烧系统

如采用滚动炉排、水平往复炉排和倾斜往复炉排（包括顺推和逆推倾斜往复炉排）等。层燃焚烧方式的主要特点是垃圾无须严格的预处理，滚动炉排和往复炉排的拨火作用强。比较适用于低热值、高灰分的生活垃圾的焚烧。

B　流化床式焚烧系统

其特点是垃圾的悬浮燃烧，空气与垃圾充分接触燃烧效果好。但是流化床燃烧需要颗粒大小较均匀燃料，同时也要求燃料给料均匀，故一般难以焚烧大块垃圾。因此，流化床式焚烧系统对垃圾的预处理要求严格，由此限制了其在工业废物和生活垃圾焚烧领域的发展。

2.6.5.2　固定炉排炉

固定炉排垃圾焚烧炉如图 2-48 所示，炉内设有固定炉排，垃圾在没有搅拌的情况下完成燃烧。除了图中所示的水平式固定炉排炉外，还有倾斜式固定炉排炉以及圆弧曲面式固定炉排炉。

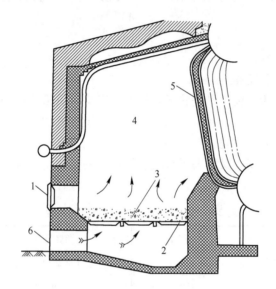

图 2-48　固定炉排垃圾焚烧炉
1—炉门；2—炉排；3—燃烧层；4—炉膛；5—汽锅管束；6—灰门

固定炉排炉造价低廉，但因对垃圾无搅拌作用，燃烧效果较差，易熔融结块，所以焚烧炉渣的热灼减率较高。在早期有使用固定炉排炉来焚烧生活垃圾的实例，但近期应用很少。

2.6.5.3　机械炉排炉

机械炉排垃圾焚烧炉如图 2-49 所示，它的发展历史最长，应用实例也最多。

A　机械炉排炉的燃烧过程

机械炉排可大体分为：干燥段、燃烧段和燃尽段三段。各段的供应空气量和运行速度可以调节。

a　干燥段

垃圾的干燥包括：

（1）炉内高温燃烧空气、炉侧壁以及炉顶的放射热的干燥。

（2）从断排下部提供的高温空气的通气干燥。

（3）垃圾表面和高温燃烧气体的接触干燥。

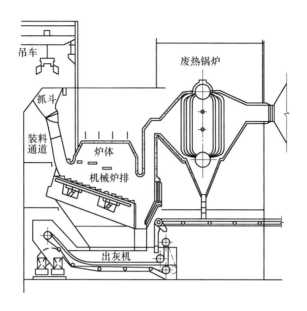

图 2-49 机械炉排垃圾焚烧炉

（4）部分垃圾的燃烧干燥。

利用炉壁和火焰的辐射热，垃圾从表面开始干燥，部分产生表面燃烧。干燥垃圾的着火温度一般在 200℃ 左右。如果提供 200℃ 以上的燃烧空气，干燥的垃圾便会着火，燃烧便从这部分开始。垃圾在干燥带上的滞留时间约为 30min。

b 燃烧段

这是燃烧的中心部分。在干燥段垃圾干燥、热分解产生还原性气体，在本段产生旺盛的燃烧火焰，在后燃烧段进行静态燃烧（表面燃烧）。燃烧段和后燃烧段的界线称为燃烧完了点。即使是垃圾特性变化，也应通过调节炉排速度而使燃烧完了点位置尽量不变。垃圾在燃烧段的滞留时间约为 30min。总体燃烧空气的 60%～80% 在此段供应。为了提高燃烧效果，均匀地供应垃圾、垃圾的搅拌混合和适当的空气分配（干燥段、燃烧段和燃尽段）等极为重要。空气通过炉排进入炉内，所以空气容易从通风阻力小的部分流入炉内。但空气流过多部分会产生"烧穿"现象，易造成炉排的烧损并产生垃圾的熔融结块。因此，设计炉排具有一定且均匀的风阻很重要。

c 燃尽段

将燃烧段送过来的固定碳素及燃烧炉渣中未燃尽部分完全燃烧。垃圾在燃尽段上滞留约 1h，保证燃尽段上充分的滞留时间，可将炉渣的热减率降至 1%～2%。

B 机械炉排焚烧炉

现代垃圾层燃焚烧炉炉排的主要型式之一是往复炉排，其中应用最广泛的应数单级或多级布置的顺推倾斜往复炉排（图 2-50）。垃圾由机械给料装置自动进入炉膛，先后在炉排上经过干燥引燃区、主焚烧区以及灰渣燃尽区，完成整个焚烧过程，垃圾在炉膛内的停留时间一般为 1h。借助于炉排倾角并通过炉排的往复运动，垃圾在向灰斗的运动过程中不断地得到翻搅，拨火作用强。为了适应焚烧量、垃圾种类以及成分的变化，燃烧空气量及其分布均可调节，并可分为一次风、二次风或者三次风分别配给。

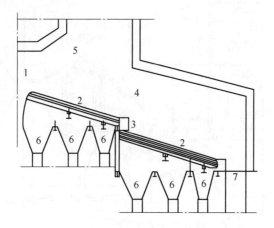

图 2-50 顺推倾斜往复炉排垃圾焚烧炉
1—垃圾给料；2—顺推倾斜炉排；3—炉排台阶；4—炉膛；5—燃尽室；6——一次风室；7—出渣灰井

2.6.5.4 流化床焚烧炉

A 流化床的焚烧原理

流化床的焚烧原理如图 2-51 所示。根据风速和垃圾颗粒的运动而分为固定层、沸腾流动层和循环流动层。

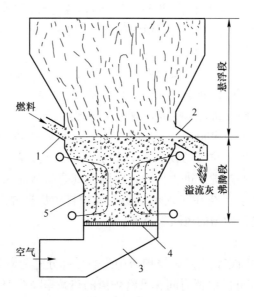

图 2-51 流化床焚烧炉原理
1—进料口；2—溢流口；3—风口堆；4—布风板；5—堆管

（1）固定层气体速度较低。垃圾颗粒保持静态，气体从垃圾颗粒间通过（如炉排炉）。

（2）沸腾流动层气体速度超过流动临界点的状态，颗粒中产生气泡，颗粒被搅拌产生沸腾状态。

（3）循环流动层气体速度超过极限速度，气体和颗粒激烈碰撞混合，颗粒被气体带着飞散（如燃煤发电锅炉）。

流化床焚烧炉主要是沸腾流动层状态。一般将垃圾粉碎到 20cm 以下再投入炉内，垃圾和炉内的高温流动砂（650~800℃）接触混合，瞬时气化并燃烧。未燃尽成分和轻质垃圾一起飞到上部燃烧室继续燃烧。一般认为上部燃烧室的燃烧占 40% 左右，但容积却为流化层的 4~5 倍，同时上部的温度也比下部流化床层高 100~200℃，通常也称其为二燃室。

不可燃物沉到炉底和流动砂一起被排出，然后将流动砂和不可燃物分离，流动砂回炉循环使用。垃圾灰分的 70% 左右作为飞灰随着燃烧烟气流向烟气处理设备。流动砂可保持大量的热量，有利于再启动炉。

B　流化床焚烧炉的结构

典型流化床焚烧炉如图 2-52 所示。这是一个圆柱形容器，底部装有多孔板，板上放置载热体砂，作为焚烧炉的燃烧床。空气（或其他气体）由容器底部喷入，砂子被搅成流态物质。废物被喷入燃烧床内，由于燃烧床内迅速的热传递而立刻燃烧，烟道气燃烧热即被燃烧床吸收。燃烧时砂床和废物之间进行热传递。常用燃烧床的温度在 760~890℃ 之间。固体废物在燃烧床中由向上流动的空气使其呈悬浮状态，直到烧尽，烧成的灰由烟道气带到炉顶排出炉外。在燃烧床中要保持一定的气流速度（一般为 1.5~2.5m/s）。气流速度过高会使过多的未燃烧废物被烟道气带走。

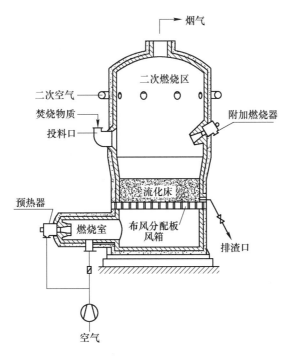

图 2-52　典型流化床焚烧炉

流化床有炉体小、焚烧炉渣的热灼减率低（约 1%）、炉内可动部分设备少的优点。此外，流化床燃烧炉焚烧时固体颗粒激烈运动，颗粒和气体间的传热、传质速度快，因而处理能力大，炉子结构简单，适用于气态、液态、固体废物的焚烧。

但与机械炉排炉相比，流化床焚烧炉有以下缺点：

（1）比机械炉排炉多设置流动砂循环系统，且流动砂造成的磨损比较大。

（2）燃烧速度快，燃烧空气的平衡较难，较易产生 CO，为使燃烧各种不同垃圾时都保持较合适的温度，必须调节空气量和空气温度。

（3）炉内温度控制较难。

2.6.5.5　多膛式焚烧炉

多膛式焚烧炉如图 2-53 所示。这种炉型是一个衬以耐火材料的直立圆筒形炉。内部一般分 6 层（或 6 段），最多 12 层，每层是一个炉膛。炉子配有一个放置的空心中心轴。上有水平堆料片，废物从上部炉膛送入，由堆料片推动废物横过炉膛表面，经过一个洞口未完全燃烧的废物从这里掉到下面，废物经过炉子时从一个炉膛掉到另一个炉膛，并被烧掉，灰渣落入炉子底部由此运走。

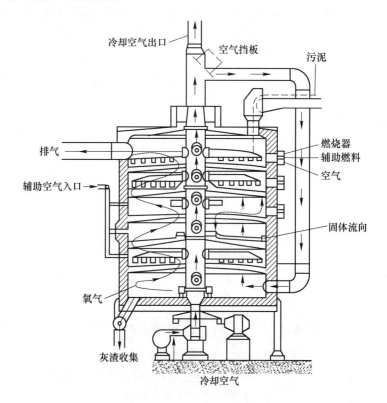

图 2-53　多膛式焚烧炉

空气由中心轴下端鼓入，被预热后进入炉膛。炉子可以分为 3 个作业带，顶部还用来烘干废物，在 310~540℃ 范围内将废物水分降至 45%~50%。中部燃烧带温度为 760~980℃，废物在此燃烧。最后是灰渣冷却（温度 260~560℃）被运走，其体积约缩减 90%。

多炉膛焚烧炉结构复杂，可以用于处理各种形式的可燃废物，特别适合焚烧低值废物。废物在炉内停留时间长，能完全燃烧。焚烧能力只有同尺寸流化床焚烧炉的 1/3，因此，只有在特别需要用这种设备时才在工业上有所应用。

2.6.5.6 转窑式焚烧炉

回转窑可处理的垃圾范围广，特别是在焚烧工业垃圾的领域内应用广泛。用于焚烧生活垃圾的最主要的目的是为了提高炉渣的燃尽率，将垃圾完全燃尽以达到炉渣再利用时的质量要求。这种情况时，回转窑一般安装在机械炉排炉后。

回转窑是一个带耐火材料的水平圆筒，由两个以上的支撑轴轮支持。由齿轮驱转的支撑轴轮或由链长驱动绕着回转窑体的链轮齿带动窑炉旋转。回转窑的倾斜角度可以通过上下调整支撑轴轮来调节，一般为2%~4%。从一端投入垃圾，当垃圾到达另一端时已被燃尽成炉渣。圆筒转速可调，一般为0.75~2.50r/min。处理垃圾的回转窑的长度和直径比一般为2:1~5:1。燃烧温度在890~1600℃范围内。

一般回转窑内设计为平滑结构。但有的设计，特别是处理粒状垃圾（粉矿、粉末）时，会在炉内设置翼板或桨状搅拌器以促进垃圾的前进、搅拌和混合。典型转窑式焚烧炉，如图2-54所示。

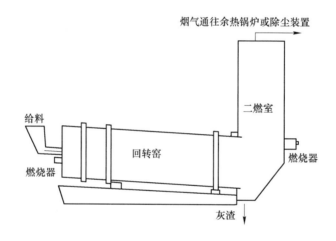

图2-54 典型转窑式焚烧炉

转窑式焚烧炉主要有以下几种形式：

（1）顺流炉和逆流炉：根据燃烧气体和垃圾前进方向是否一致分为顺流炉和逆流炉。处理高水分垃圾选用逆流炉，助燃器设置在回转窑前方（出渣口方），而高挥发性垃圾常用顺流炉。

（2）熔融炉和非熔融炉：炉内温度在1100℃以下的正常燃烧温度域时，为非熔融炉。当炉内温度达1200℃以上，垃圾将会熔融。

（3）带耐火材料炉和不带耐火材料炉：最常用的回转窑一般是顺流式且带耐火材料的非熔融炉。

转窑式焚烧炉是大型设备，占地多、运转费用高，在固体废物及污泥的焚烧上已在许多地方得到应用。

2.6.6 ［案例］ 生活垃圾焚烧——浦东垃圾焚烧厂

2001年年底，我国第一个处理能力达1000t/d的大型生活垃圾焚烧厂在浦东新区投入试运行并成功并网发电,这意味着我国生活垃圾焚烧技术的应用已进入了一个全新的阶段。

2.6.6.1　垃圾产量和性质

根据浦东新区环卫局统计,1996 年的 1727.9t/d 生活垃圾中居民垃圾占 75%,近年产量基本稳定;集市垃圾历年来有所下降;而商业垃圾近年呈增长趋势。新区管委会决定利用法国政府贷款,采用法国引进技术,建造生活垃圾焚烧厂,以解决浦东新区生活垃圾的长久出路问题。

1996~1997 年浦东新区生活垃圾平均水分和平均低位发热量见表 2-10,组分平均值见表 2-11。

表 2-10　1996~1997 年浦东新区生活垃圾平均水分和平均低位发热量

测定项目	居民	工商企事业	中转站	混合组分样
平均水分/%	59.57	47.08	45.13	56.45
平均低位发热量/kJ·kg^{-1}	4813.46	7713.87	5668.70	5538.56

表 2-11　1996~1997 年浦东新区生活垃圾组分平均值　　　　　　　　　(%)

来源	垃圾组分平均值（质量分数）								
	纸类	塑料	竹木	布类	厨余物	果皮	金属	玻璃	渣石
居民	8.43	12.83	0.80	2.82	60.00	11.04	0.61	2.49	0.97
商业办公	31.90	22.91	0.77	0.58	30.64	6.58	1.53	5.01	0.08
工厂	27.35	16.44	0.38	3.95	34.15	7.60	2.11	6.42	1.60

2.6.6.2　焚烧厂工艺设计方案

A　基本设计参数

处理规模为 1000t/a,设计热值为 6060kJ/kg,波动范围为 4600~7500kJ/kg;烟气排放标准系引进国外(法国)现行欧盟(89)标准(表 2-12)。

表 2-12　垃圾焚烧厂烟气排放标准及可能达到的烟气排放量　　　(mg/m^3)

污染物名称	欧盟排放标准	期望值	污染物名称	欧盟排放标准	期望值
粒状污染物	30	小于 20	HF	2	—
HCl	60	小于 30	NO_x	200	242
SO_2	300	小于 200	汞及其化合物	0.01	0.01
CO	50	小于 50	镉及其化合物	0.50	0.05

B　工艺方案

a　工艺原理流程

浦东垃圾焚烧厂工艺原理流程如图 2-55 所示。

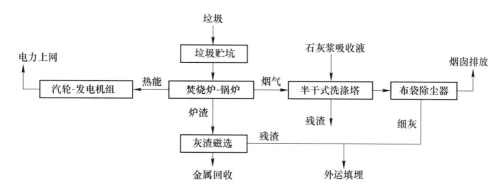

图 2-55 浦东垃圾焚烧厂工艺原理流程

b 生产线配置

根据焚烧厂各设备及附属设施在使用期限内正常运转并能达到各项设计参数的要求，每炉每年平均需要 1 个月左右的时间进行维修保养，因此，通常配置 2 条以上的垃圾焚烧处理线。

该厂生产线配置为：垃圾焚烧处理生产线（包括烟气净化）3 条，汽轮发电机组 2 组。

c 主要工艺参数

单台焚烧炉处理能力 15.2t/h（最大达 16.7t/h）；炉排型式 SITY2000 倾斜往复阶梯式机械炉排；每条生产线年最大连续运行时间 8000h；锅炉型式角管式自然循环锅炉；单台锅炉蒸发量 29.3t/h；单线烟气量 70000m³/h；汽轮发电机组铭牌功率 8500kW/套。

2.6.6.3 工艺特点

（1）采用的 SITY2000 垃圾焚烧炉排技术，是从最早应用于垃圾焚烧的马丁炉排发展改进而来，适应低热值、高水分垃圾的焚烧，在设计热值及处理规模范围内基本不用添加助燃油，便可保证焚烧炉内温度高于 850℃，燃烧烟气在高温区停留 2s，以彻底分解去除类似二噁英、呋喃等有机有害物质，使焚烧对大气的影响减少到最低程度。同时，为确保夏季处理过低热值垃圾时也能达到上述处理指标，焚烧炉配有辅助燃油系统。

（2）整个工厂的热平衡系统设计思路独特，如锅炉进水温度提高至 130~135℃，焚烧炉一次风进炉温度达 220℃，从而使整个工艺可获得较高的热效率，尽可能多地发电上网，提高运行经济效益。按现设计水平每年可向电网供电约 1.1×10^8 kW·h。

（3）生活垃圾（不包括大件垃圾）不用经过任何预处理（指破碎、分类等），可直接进炉焚烧。

（4）采用 DCS 集散系统，使生产控制达到了现代化的水平。

（5）在烟气净化工艺中，预留了脱氮装置接口，现有的半干法+布袋除尘器工艺配置，可适应将来更高的环保要求。

按垃圾焚烧厂日均处理 1100t，工厂运行寿命 30 年及国内配套人民币由浦东新区财政无偿投入测算，每吨垃圾处理总成本随外汇还本付息的费用从投产初期的约 250 元/t 逐年递减，30 年平均垃圾处理成本约为 150 元/t，运营成本约为 100 元/t。

2.7　生活垃圾热解技术

2.7.1　基本概念

2.7.1.1　垃圾的热解反应

生活垃圾的热解是一个极其复杂的化学反应过程，它包含大分子的键断裂、异构化和小分子的聚合等反应过程，这一过程可以用下式来表示：

$$有机垃圾→气体+有机液体+炭黑、灰渣$$

2.7.1.2　垃圾热解产物

生活垃圾热解产生的物质包括气体、液体和固体残渣3个部分：

（1）气体主要是 H_2、CH_4、CO、CO_2 及其他各种气体。

（2）液体由含乙酸、丙酮、酒精和复合碳水化合物的液态焦油或油的化合物组成。如果再进行一些附加处理，可将其转换成低级的燃料油。

（3）固体残渣，炭以及垃圾本身含有的惰性物质。

2.7.2　影响热解的参数

影响热解的参数有：加热速度、温度、湿度、热解时间、废物成分、预加工处理等。

2.7.2.1　热解速率

热解速率直接影响生活垃圾热解的机理。热解速率直接影响生活垃圾热解的历程。不同的热解速率下生活垃圾中有机质大分子键裂位置都不同，其热解产物也同时发生变化。图 2-56 所示为旧报纸高温分解副产品和加热速度的关系。这些数据，一方面说明在较低的和较高的加热速度下气体产量都很高；另一方面说明随着加热速度的增加，水分和有机液体的含量减少。

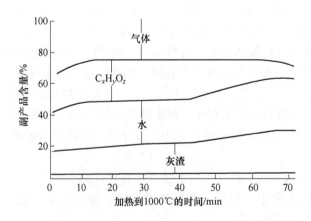

图 2-56　旧报纸高温分解副产品和加热速度的关系

2.7.2.2　温度

热解反应的关键控制变量是温度，热解产品的产量和成分由控制反应器的温度来有效的改变。随着高温分解温度的增加，气体产量成正比增加，但各种酸、焦油、固体炭渣相应减少。图 2-57 所示为垃圾热解温度对产品产量的影响。

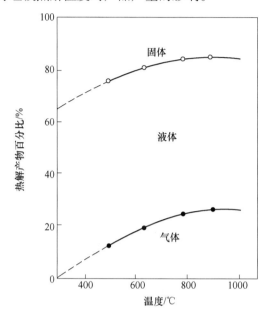

图 2-57 垃圾热解温度对产品产量的影响

热分解的温度不同，热分解后所得的产物和产量也不同，并且物性也不一样。分解的温度高，挥发分的产量增加，油、碳化物相应减少，另外，分解温度不同，挥发分成分也发生变化，温度越高，燃气中低分子碳化物 CH_4、H_2 等也增加。对于大多数的固体废物来说，热解温度在 800~900℃ 之间时，都可以认为其热解为热化解燃气化过程，这时废物的热解产物主要是气态的小分子挥发分。并且由于垃圾中可燃物的可燃基中挥发分高达 70%~80%，垃圾的燃烧主要取决于挥发分的燃烧。在较高的温度下热解可使挥发分大量、快速地析出，而且析出的是有利于燃烧的小分子烃类气体。另外，高温下热解，也可使燃烧后的固态残余物大大减少，降低对它处理的难度。因此，垃圾焚烧炉炉膛温度应该在 800℃ 以上，燃烧才比较合理。所以，无论是对垃圾焚烧段的完全燃烧，还是对无害化、减容化来说，炉膛高温的效果应该是明显的。

2.7.2.3 含水量

炉料的含水量对最终产品也有影响。对不同的物料来说其变化很大，单一物料其变化较小。我国生活垃圾的含水量一般在 40% 左右，有时超过 60%。这部分水在热解前期的干燥阶段（105℃ 前）总是要先失去。但是预烘干炉料因需另外耗能而比较昂贵。含水量越低，将材料加热到工作温度所需的时间越短。

燃料中的不可燃成分中的水分分两部分，即内在水分和外在水分。外在水分以机械方式附着于物料表面，该水分受外界环境影响较大，外界环境主要是指物料放置的环境温度、湿度和放置时间。这部分水分易除去，直接通过蒸发扩散的传质过程，在常温常压、湿度 65% 的环境中 24h 即可失去。内在水分则是指由于毛细作用吸附的水和以化学键能的形式存在的结合水。毛细作用吸附的水与外部环境蒸汽的分压有关。当环境温度较高、湿度较低时，毛细管内水蒸气的分压大于环境的蒸汽分压，水蒸气即通过毛细管向环境扩散，直至内外分压平衡为止。分子结合则必须将物料破碎细化后，高温下使键断裂，其释放水分。水分是垃圾处理过程中一个重要的物性参数，它决定着垃圾焚烧的效率以及发热量和腐蚀程度等主要环节，必须严格控制含水量大的垃圾发热量低、不易着火、能源利用率不高，而且在燃烧过程中水分的汽化要吸收热量，并降低燃烧室温度，使热效率降低，还易在低温处腐蚀设备。对于含水量大的垃圾需要进行预干燥处理，含水量大的垃圾也不利于运输。

试验测得的数据表明，含水量较高的主要以植物型垃圾为主。我国一般大中城市的纸张、织物、生物厨余类占生活垃圾的水分的 20.7% ~ 56.0%，而有机化合物类仅占 0.6% ~ 1.5%。所以，由于我国生活垃圾的含水量较高，一般在 12% 以上，若算上外来水分这个因素，这个值还应高得多。

2.7.2.4　物料尺寸

物料的形状、尺寸和均匀性关系到物料的升温速度和温度的传递，以及关系到气流流动和热解是否完全。尺寸越大，物料间隙越大，气流流动阻力小，有利于对流传热，辐射换热空间大，也有利于辐射换热，减小了物料与环境的热传递阻力，但此时物料本身的内热阻增大，内部温度均匀得慢。尺寸越大，物料热解所需的时间越长，若减短热解时间，则热解不完全。物料尺寸在工程上又关系到预处理装置的动力消耗。因此，综合考虑物料尺寸与热解和动力消耗的关系，是选择较佳物料尺寸的合理思路。

2.7.2.5　物料停留时间

停留时间主要影响产气的完全和装置的处理能力。物料由初温上升到热解温度，以及热解都需要一定的时间。若停留时间不足，则热解不完全；若停留时间过长，则装置处理能力下降。

2.7.2.6　废物的成分和预处理的方法

影响高温分解产物的另外一个因素是废物的成分和预处理的方法。生活垃圾一般可以用来生产燃气、焦油及各种液体，但固体残渣比大部分工业废物产生的残渣少。可以预料，较小的颗粒尺寸将促进热量传递，从而使高温分解反应更加容易进行。

2.7.3　热解工艺分类

适合生活垃圾热解处理的工艺较多。无论何种工艺，其热解产物的组成和数量基本上与物料构成特性、预处理程度、热解反应温度和物料停留时间等因素有关。热解的分类方式大体上可按加热方式、热解温度、反应压力、热解设备的类型分类。

2.7.3.1　按加热方式分类

热解反应一般是吸热反应，需要提供热源对物料进行加热。所谓热源是指提供给被热解的热量是被热解物（即所处理的废物）直接燃烧或者向热解反应器提供补充燃料时所产生的热。根据不同的加热法，可将热解分成间接加热和直接加热两类。

A　间接加热法

此法是将物料与直接供热介质在热解反应器（或热解炉）中分开的一种热解过程。可利用间壁式导热或中间介质（热砂料或熔化的某种金属床层）来传热。间壁式导热方式存在热阻大，熔渣可能会包覆传热壁面而产生腐蚀，故不能使用更高的热解温度。若采用后一种中间介质传热的方式，尽管有出现固体传热（或物料）与中间介质分离的可能，但两者综合比较，后者还是较间壁式导热方式要好一些。不过由于固体废物的热传导效率较差，间接加热的面积必须加大，因而使这种方法的应用仅局限于小规模处理的场合。

B 直接加热法

由于燃烧需提供氧气，因而会使 CO_2、H_2O 等惰性气体混在用于热解的可燃气中，因而稀释了可燃气，其结果将使热解产气的热值有所降低。如果采用空气作氧化剂，热解气体中不仅有 CO_2、H_2O，而且含有大量的 N_2，更稀释了可燃气，使热解气的热值大大减少。因此，若采用的氧化剂分别为纯氧、富氧或空气时，其热解所产可燃气的热值是不相同的。根据美国有关的研究结果，如用空气作氧化剂，对混合生活垃圾进行热解时所得的可燃气，其热值一般只在 $5500kJ/m^3$ 左右，而采用纯氧作氧化剂的热解，其产气的热值可达 $11000kJ/m^3$。

2.7.3.2 按热解温度分类

根据所使用的不同温度区段，可将热解分为低温热解法、中温热解法和高温热解法三类。

A 低温热解法

温度一般在 600℃ 以下。可采用这种方法将农业、林业和农业产品加工后的废物生产低硫低灰分的炭，根据其原料和加工的不同深度，可制成不同等级的活性炭或用作水煤气原料。

B 中温热解法

温度一般在 600~700℃ 之间，主要用在比较单一的物料作能源和资源回收的工艺上，像废轮胎、废塑料转换成类重油物质的工艺。所得到的类重油物质既可作能源，也可用作化工初级原料。

C 高温热解法

热解温度一般都在 1000℃ 以上，固体废物的高温热解，主要为获得可燃气。例如，炼焦用煤在炭化室被间接加热，通过高温干馏炭化，得到焦炭和煤气的过程即属高温热解工艺。高温热解法采用的加热方式几乎都是直接加热法。如果采用高温纯氧热解工艺，反应器中的氧化熔渣区段的温度可高达 1500℃，从而可将热解残留的惰性固体，如金属盐类及其氧化物和氧化硅等熔化，并将以液态渣的形式排出反应器，再经水淬冷却后而粒化。这样可大大降低固态残余物的处理困难，而且这种粒化的玻璃态渣可作建筑材料的骨料使用。

除以上分类之外，还可按热解反应系统压力分为：常压热解法和真空（减压）热解法。后者真空减压热解，可适当降低热解温度，有利于可燃气体的回收。但目前，有关固体废物的热解处理大多仍采用常压系统。

2.7.4 常用热解设备

2.7.4.1 固定燃烧床热解炉

图 2-58 所示为一典型的固定燃烧床热解炉。经选择和破碎的生活垃圾从炉顶加入。炉内物料与气体界面温度为 100~350℃。物料通过床层向下移动，床层由炉算支持。在炉

的底部引入预热的空气或 O_2，此处温度通常为 980~1650℃。

这种热解炉的产物包括从底部排出的熔渣（或灰渣）和从顶部排出的气体。排出的气体随后冷却到什么程度取决于这种气体将进行怎样的使用。

为达到最好的加热效果，气态反应剂流向与燃料流方向相反。但也有一些反应器采用同流方向或横过流（交叉流）向，获得了很好的热效率。

在固定床热解炉中，维持反应进行的热量是由部分原料燃烧提供的。

固定燃烧床热解炉的设计有足够机动性以适应各种废物燃料。燃料的粉碎情况、粘成饼状的趋势、灰渣熔化的温度及材料的反应能力都是重要的设计因素。在理想情况下，使用不结饼的、尺寸均匀的燃料可以使整个反应器的气体达到理想而均匀的分布，并可以使高温分解过程的效率更高。

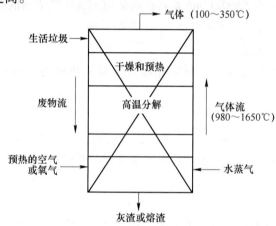

图 2-58　典型的固定燃烧床热解炉

2.7.4.2　旋转窑

最普通的高温分解反应器是一种间接加热旋转窑，在这里蒸馏容器是与 O_2 完全隔绝的，图 2-59 所示为一个间接加热旋转窑。主要设备是一个稍为倾斜的圆筒，它慢慢地旋转，因此，可以使废物移动通过蒸馏容器到卸料口。蒸馏容器由金属制成，而燃烧室则由耐火材料砌成。分解反应所产生的气体的一部分在蒸汽发生器外壁与燃烧内壁之间的空间里进行燃烧。这部分热量用来加热废物。因为在这类装置中热传导非常重要，所以分解反应要求废物必须破碎较细，尺寸一般要小于 2in（1in≈2.54cm），以保证反应进行完全。

2.7.4.3　输送式反应器

输送式反应器的工作温度通常是使液体部分作为主要产品，并且由于废物在反应器中滞留时间很短，进入的炉料一般需要细破碎。

一般情况下，这种设备中分解反应所需的热量是由反应产生的热炭渣进行再循环来提供的。热炭渣从反应器排出后，通过一个外部的流化床，并对流化床通以适量空气，将炭渣进行部分氧化，并使炭渣进行再循环，因而为吸热的高温分解反应提供能量，从而生产出液体副产品。

在图 2-60 所示的装置中，经破碎的废物被部分再循环的气体产物带入反应器中。高温分解反应温度约为 500℃，压力约为 100kN/m^2（表压 1atm）。在这种反应器中分解过程

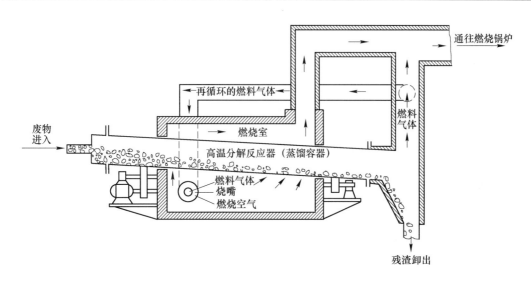

图 2-59　间接加热旋转窑

没有使用空气、O_2、H_2 或任何其他催化剂。当固体残渣（炭渣）离开反应器时，旋风分离器把蒸气产物分离出来，炭渣与空气混合并进行燃烧。燃烧着的残渣再送至高温分解反应器入口，以供应高温分解所需热量。由于热灰渣流是混乱流动，而且入炉的有机物及热灰渣颗粒都很细微，因此，可以得到良好的热传递，从而使有机物快速分解。

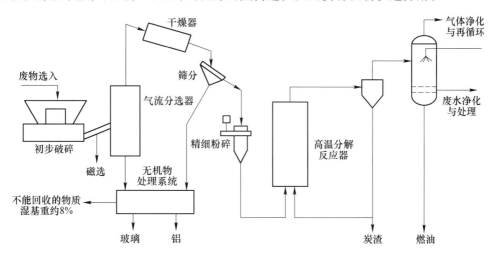

图 2-60　输送式高温分解系统原则流程

　　当固体残渣与其他高温分解的产物分开后，蒸汽产物迅速进行激冷。这就阻止了大的油分子进一步裂解，以致形成不合要求的产物。最终产品是热解油、气体和水。

2.8　本章小结

　　本章主要介绍了生活垃圾的收集和运输、压实、破碎、分选等预处理技术和方法，以及生活垃圾常见处理与处置方法：卫生填埋、焚烧和热解等原理、影响因素和常用设备。通过本章的学习学生能够对生活垃圾的整个处理流程有一个较完整的认识，并掌握相应的生活垃圾处理与处置的技术。

思考练习题

2-1　固体废物破碎的意义是什么，破碎的方法有哪些？

2-2　简述压实的目的、原理及压实设备。

2-3　如何根据固体废物的性质选择合适的破碎方法？

2-4　常见的机械分选方法有哪些？

2-5　卫生填埋场地如何选择？

2-6　论述填埋场防渗系统的结构、功能及选择防渗系统时应考虑的因素。

2-7　简述卫生填埋场渗滤液及填埋气体的控制方法。

2-8　简述卫生填埋终场覆盖的结构及其功能。

2-9　生活垃圾焚烧的意义是什么，影响因素有哪些，常用生活垃圾焚烧设备有哪些？

2-10　生活垃圾热解的意义是什么，影响因素有哪些，常用生活垃圾热解设备有哪些？

3 工业固体废物的处理与处置

课前思考预习

1. 工业固体废物有哪些，它们常用的处理方式是什么。
2. 工业固体废物对环境的危害是什么。

工业固体废物是指工矿企业在工业生产活动中产生的采矿废石、选矿尾矿、燃料废渣、化工生产及冶炼废渣等固体废物，又称工业废渣或工业垃圾。近些年，我国工业发展取得了举世瞩目的成就，已成为世界工业生产大国，然而也是一个工业固体废物的产生大国。长期以来，我国以"高投入、高消耗、高污染、低效益、高排放"为特征的粗放型传统模式发展工业化，随着城市化和工业化进程的进一步加快，工业固体废物的产生量也迅速增长。根据《2020 年全国大、中城市固体废物污染环境防治年报》2019 年，196 个大、中城市一般工业固体废物产生量达 13.8 亿吨，综合利用量 8.5 亿吨，处置量 3.1 亿吨，贮存量 3.6 亿吨，倾倒丢弃量 4.2 万吨。一般工业固体废物综合利用量占利用处置及贮存总量的 55.9%，处置和贮存分别占 20.4% 和 23.6%。综合利用仍然是处理一般工业固体废物的主要途径，部分城市对历史堆存的一般工业固体废物进行了有效的利用和处置。其余大都堆存在城市工业区和河滩荒地上，风吹雨淋使之成为严重的污染源，并使污染事件不断发生，破坏当地生态环境，威胁人类健康，造成严重后果。

工业固体废物的收集容器种类较多，但主要使用废物桶和集装箱。一般地，产生废物较多的工厂在厂内都建有自己的堆场，收集、运输工作由工厂负责；零星、分散的固体废物（工业下脚废料及居民废弃的日常生活用品）则由商业部所属废旧物资系统负责收集；此外，有关部门还组织和鼓励城市居民、农村基层收购站以收购的方式收集废旧物资。对大型工厂，回收公司到厂内回收，中型工厂则定人定期回收，小型工厂划片包干巡回回收。

长期以来，我国工业固体废物处理的原则是"谁污染，谁治理"。《中华人民共和国固体废物污染环境防治法》（以下简称《固废法》）第三十三条规定：企业事业单位应当根据经济、技术条件对其产生的工业固体废物加以利用；对暂时不利用或者不能利用的，必须按照国务院环境保护行政主管部门的规定建设贮存设施、场所，安全分类存放，或者采取无害化处置措施。此法明确规定了由企业事业单位负责处理和处置其所产生的工业固体废物，有效地解决了工业固体废物的最终归属问题，是控制工业固体废物污染环境的法律基础和关键。

3.1 矿业固体废物的处理利用

矿业固体废物（简称"矿业废物"）指开采和选洗矿石过程中产生的废石和尾矿。矿石开采过程中，需剥离围岩，排出废石，采得的矿石也需经选洗，提高品位，排出尾矿。

矿业废物大量堆存，污染土地，或造成滑坡、泥石流等灾害；废石风化形成的碎屑和尾矿，可被水冲刷进入水域，被溶解渗入地下水，被风吹进入大气；废物中有的含砷、镉等剧毒元素或放射性元素，直接危害人体健康。为消除污染，应对矿业废物进行无害化处理，开展废石和尾矿的综合利用。

3.1.1　矿业固体废物的种类与性质

3.1.1.1　矿业废渣的种类

A　按原矿的矿床学分类

根据矿体赋存的主岩及围岩类型，并考虑到矿业废渣的矿物组成情况，可将其分为基性岩浆岩、自变质花岗岩、金伯利岩、玄武-安山岩等 28 个基本类型。

B　选矿工艺分类

根据选矿工艺的不同，矿业废渣可分为手选、重选、磁选、电选及光电选、浮选、化学选矿等矿业废渣。

C　按主要矿物成分

根据矿物成分的不同，矿业废渣可分成以石英为主的高硅型、以长石及石英为主的高硅型、以方解石为主的富钙型以及成分复杂性矿业废渣。

3.1.1.2　矿业废渣的成分

A　矿业废渣的化学成分

无论何种类型的矿业废渣，其主要化学组成元素是 O、Si、Al、Fe、Mn、Mg、Ca、Na、K、P 等；但在不同类型的矿业废渣中，含量差别较大，且具有不同的结晶化学行为。

B　矿业废渣的矿物成分

一般以各矿物所占的质量分数表示，由于岩矿鉴定一般在显微镜下进行，不便于称量，因此，有时也采用在显微镜下统计矿物颗粒数目的方法，间接地推算各矿物的大致含量。

3.1.2　矿业固体废物的综合利用技术

3.1.2.1　冶金矿山固体废物的综合利用

冶金矿山固体废物包括矿石开采过程中剥离的表土、围岩及产生的废石和选矿过程中排出的尾矿。

A　矿山废石的利用

矿山废料可用于各种矿山工程中，如铺路、筑尾矿坝、填露天采场、筑挡墙等，每年可消耗废石总量的 20%~30%。

B　利用尾矿做建筑材料

利用尾矿做建筑材料，即可防止因开发建筑材料而造成对土地的破坏，又可使尾矿得到有效的利用，减少土地占用，消除对环境的危害。但用尾矿做建筑材料，要根据尾矿的物理化学性质来决定其用途。

有色金属尾矿按其主要成分可分为三类：

（1）以石英为主的尾矿，该类尾矿可用于生产蒸压硅酸盐矿砖；石英含量达到99.9%，含铁、铬、钛、氧化物等杂质低的尾矿可用作生产玻璃、碳化硅等的原料。

（2）以含方解石、石灰石为主的尾矿，该类尾矿主要用作生产水泥的原料。

（3）以含氧化铝为主的尾矿，含二氧化硅和氧化铝高的尾矿可用作耐火材料。

C 从尾矿中回收有价元素

近年来由于技术的进步以及普遍对综合回收利用资源的重视，各矿山企业开展了从尾矿中回收有价金属的实验工作，许多已在工业上得到了规模性应用。

目前，从矿山尾矿中回收的有价元素主要有：

（1）从锡尾矿中回收锡和铜及一些其他伴生元素。

（2）从铅锌尾矿中回收铅、锌、钨、银等元素。

（3）从铜矿中回收萤石精矿、硫铁精矿。

（4）从其他一些尾矿中回收锂云母和金等矿物和元素。

D 其他利用

a 覆土造田

矿山的废石和尾矿属无机砂状物，不具备基本肥力。采取覆土、掺土、施肥等方法处理，可在其表面种植各种作物。这种与矿山开采相结合的覆土造田法，既解决了矿区剥离物的堆存占地问题，又可绿化矿区环境，尤其适用于露天矿的废渣处理。

另外，采用矿区的生活污水浇灌尾矿库，改造尾矿性质，提高尾矿肥力，变废料堆为良田，可谓一举两得。

b 井下回填

井下采矿后的采空区一般需要回填，避免造成地表塌陷、危害矿区的生命和建筑安全。

回填采空区有两种途径：一是直接回填法，即上部中段的废石直接倒入下部中段的采空区，这可节省大量的提升费用，但需对采空区有适当的加固措施。二是将废石提升到地面，进行适当破碎加工，再用废石、尾矿和水泥拌和后回填采空区。这种方法安全性好，又可减少废石占地，但处理成本较高。

井下尾矿充填系统如图 3-1 所示。

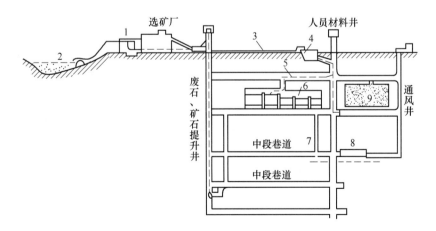

图 3-1 井下尾矿充填系统示意图

1—废石尾砂分级站；2—尾砂坝（堆存细粒级尾砂）；3—浆料输送管；4—料浆贮仓；
5—经下充填管；6—充填工作面；7—导水钻孔；8—水池和水泵房；9—已充填工作面

该系统包括:

（1）废石、尾矿的分级和贮存系统。

（2）料浆搅拌装置。

（3）料浆的地面和井下输送系统。

（4）充填工作面的凝固等部分。

3.1.2.2　煤矸石的综合利用

煤矸石是采煤和洗煤过程中排出的固体废物,是一种在成煤过程中与煤伴生的含碳量较低、比煤坚硬的黑色岩石。煤矸石的产量约占原煤产量的15%,每年至少新增2亿吨。煤矸石是我国排放量最大的工业废渣之一,历年积存的煤矸石约为30亿吨,占地约10万亩,而且仍在增加。因此,如何治理和综合利用煤矸石,是目前的重要任务。

煤矸石是由多种矿岩组成的混合物,属沉积岩。主要岩石种类有黏土岩类、砂岩类、碳酸岩类和铝质岩类。

煤矸石的化学成分见表3-1,为煤矸石煅烧后灰渣的成分。

表 3-1　煤矸石的化学组成　　　　　　　　　　（%）

组成	$w(SiO_2)$	$w(Al_2O_3)$	$w(CaO)$	$w(MgO)$	$w(Fe_2O_3)$	$w(R_2O)$	烧失量
含量	40~65	15~35	1~7	1~4	2~9	1~2.5	2~17

煤矸石的岩石种类和矿物组成直接影响煤矸石的化学成分,如砂岩矸石SiO_2含量最高可达70%,铝质岩矸石M_2O_3含量大于40%,钙质岩矸石CaO含量大于30%。

煤矸石的活性大小与其矿物相组成和煅烧温度有关。黏土类煤矸石一般加热到700~900℃时,结晶相分解破坏,变成无定形非晶体,使煤矸石具有活性。

我国煤矸石的发热量多在6300kV/kg以下,各地煤矸石的热值差异很大,其合理利用途径与其热值直接相关。不同热值煤矸石的合理利用途径见表3-2。

表 3-2　不同热值煤矸石的合理利用途径

热值/kJ·kg^{-1}	合 理 用 途	说 明
小于2095	回填、筑路、造地、制骨料	制骨料以砂岩类未燃煤矸石为宜
在2095~4190之间	烧内燃砖	CaO含量小于5%
在4190~6285之间	烧石灰	渣可作骨料和水泥混合料
在6285~8380之间	烧混合材、制骨料、代煤、节煤烧水泥	用小型沸腾炉供热产汽
在8380~10475之间	烧混合材、制骨料、代煤、烧水泥	用大型沸腾炉供发电

A　利用煤矸石生产建筑材料

目前,技术较为成熟,利用量较大的煤矸石资源化途径是生产建筑材料。

a　生产水泥

用煤矸石生产水泥,是由于煤矸石和黏土的化学成分相近,可以代替黏土提供硅质和铝质成分;煤矸石能释放一定热量,可以代替部分燃料。煤矸石中的可燃物有利于硅酸盐等矿物的熔解和形成。此外煤矸石配的生料表面能高,硅铝等酸性氧化物易于吸收氧化钙,可加速硅酸钙等矿物的形成。

用作水泥原燃料的煤矸石质量要求见表 3-3，其生产工艺过程与普通水泥基本相同。

表 3-3 煤矸石用作水泥原燃料的质量要求

级别	碳酸率 $n=SiO/(Al_2O_3+Fe_2O_3)$	铝氧率 $p^{②}=\dfrac{Al_2O_3+Fe_2O_3}{}$	$w(MgO)/\%$	$w(R_2O)/\%$	塑性指数[③]
一级品	2.7~3.5	1.5~3.5	<3.0	<4.0	>12
二级品	2.0~2.7 和 3.0~4.0 [①]	不限	<3.0	<4.0	>12

①当 n = 2.0~2.7 时，一般需掺用硅质校正原料，如粉砂岩等；当 n = 3.0~4.0 时，一般需掺用铝质校正原料，如高铝煤矸石、高铝煤灰等。

②p 高时，热料煅烧中物料易发黏；p 低时，易成块状，而不是成球状。

③塑性指数小于 12 时，应在成球工艺上采用预湿后成球，或其他提高生料塑性的措施。

b　煤矸石制砖

包括用煤矸石生产烧结砖和作烧砖内燃料。煤矸石砖以煤矸石为主要原料，一般占坯料质量的 80% 以上，有的全部以煤矸石为原料，有的外掺少量黏土。经过破碎、粉磨、搅拌、压制、成型、干糙、焙烧而成，焙烧时基本无须再外加燃料。

煤矸石砖规格与性能和普通黏土砖相同。用煤矸石作烧砖内燃料，节能效果明显。用煤矸石作烧砖内燃料制砖工艺与用煤作内燃料基本相同，只是增加了煤矸石的粉碎工序。

c　生产轻骨料

轻骨料和用轻骨料配制的钢筋混凝土是一种轻质、保温性能较好的新型建筑材料，可用于建造大跨度桥梁和高层建筑。适宜烧制轻固料的煤矸石主要是碳质页岩和选矿厂排出的洗矸，矸石的含碳量不宜过大，一般应低于 13%。用煤矸石烧制轻骨料有两种方法，即成球法和非成球法。

成球法是将煤矸石破碎、粉磨后制成球状颗粒，然后焙烧。将球状颗粒送入回转窑，经预热、脱碳、燃烧、膨胀，然后冷却、筛分出厂。其松散体积质量一般在 1000kg/m³。

非成球法是把煤矸石破碎到 5~10mm 粒度，铺在烧结机炉排上直接焙烧。烧结好的轻骨料经喷水冷却、破碎、筛分出厂，其体积质量一般在 800kg/m³ 左右。

B　生产化工产品

a　制结晶三氯化铝、固体聚合铝

结晶氯化铝是以煤矸石和盐酸为主要原料，经破碎、焙烧、磨碎、酸浸、沉淀、浓缩结晶和脱水等工艺加工而成。结晶氯化铝分子式为 $AlCl_3 \cdot 6H_2O$。外观为浅黄色结晶颗粒，易溶于水，是一种新型净水剂，也是精密铸造型壳硬化剂和新型造纸施胶沉淀剂，可广泛应用于石油、冶金、造纸、铸造、印染、医药等行业。

将结晶氯化铝在 170~180℃ 条件下进行热解（使产品的碱化度控制在 70%~75% 左右），然后加水溶解热解后的氯化铝，溶解过程中不断搅拌，溶液由稀变稠，到一定浓度后进行风干，就制得固体聚合铝。

b　制水玻璃

将浓度为 42% 的液体烧碱、水和酸浸后的煤矸石（酸浸后的煤矸石中主要含氧化硅），按一定比例混合制浆进行碱解，再用蒸汽间接加热物料，当反应达到预定压力 0.2~0.25MPa，反应 1h 后，放入沉降槽沉降，清液经真空抽滤即可得到水玻璃。水玻璃可广泛应用于纸制品、建筑等行业。

c　生产硫酸铵化学肥料

由于煤矸石内的硫化铁在高温下生成二氧化硫，再氧化而生成三氧化硫，三氧化硫遇水生成硫酸，并与氨化合生成硫酸铵。其方法是：将未经自燃的煤矸石堆成堆，放入木柴和煤，点燃后闷烧10~20天，待堆表面出现白色结晶时，焙烧即告完成。选择那些已燃烧过但未烧透、表面成黑色的煤矸石，其烧结层间和表面凝结了白色的硫酸铵结晶。将所选的原料破碎至25mm以下，放入水池中浸泡，浸泡时间为4~8h，经过滤、澄清、中和后，将浸泡澄清液进行蒸发、浓缩，结晶、烘干后，即可得到成品硫酸铵。

3.2　冶金工业固体废物的处理利用

冶金废渣是指冶金工业生产过程中产生的各种固体废物。主要指炼铁炉中产生的高炉渣、钢渣；有色金属冶炼产生的各种有色金属渣，如铜渣、铅渣、锌渣、镍渣等，以及从铝土矿提炼氧化铝排出的赤泥以及轧钢过程产生的少量氧化铁渣。每炼1t生铁排出0.3~0.9t钢渣，每炼1t钢排出0.1~0.3t钢渣，每炼1t氧化铝排出0.6~2t赤泥。国际上早在20世纪40年代就已意识到解决冶金污染"渣害"的迫切性，经过努力，钢渣在20世纪70年代达到了产用平衡，主要用于制造各种建筑或工业用材。我国冶金污染利用起步较晚，目前高炉渣利用率在70%~85%，钢渣利用率仅25%左右。

3.2.1　冶金工业固体废物的种类及其性质

3.2.1.1　高炉矿渣

高炉矿渣是指冶炼生铁时从高炉中排放出来的废物。

A　高炉矿渣的分类

目前，高炉矿渣主要按下属两种方法进行分类。

a　按照冶炼生铁的品种分类

（1）铸造生铁矿渣，指冶炼铸造生铁时排出的矿渣。

（2）炼钢生铁矿渣，指冶炼炼钢生铁时排出的矿渣。

b　按照矿渣的碱度进行分类

高炉矿渣的化学成分中，碱性氧化物与酸性氧化物的比值，称为高炉矿渣的碱度或碱性率，一般用 M_0 表示，即：$M_0 = w(CaO + MgO)/w(SiO_2 + Al_2O_3)$。

B　高炉矿渣的化学组成

高炉矿渣的化学成分包括二氧化硅、三氧化二铝、氧化钙、氧化镁、氧化锰、氧化铁等15种以上的化学成分。其中氧化钙、二氧化硅、三氧化二铝便占到了大约90%以上。我国高炉矿渣的化学成分统计见表3-4。

表 3-4　我国高炉矿渣的化学成分　　　　　　　　　　　　　（%）

成分	$w(CaO)$	$w(SiO_2)$	$w(Al_2O_3)$	$w(MgO)$	$w(MnO)$	$w(Fe_2O_3)$	$w(TiO_2)$	$w(V_2O_5)$	$w(S)$	$w(F)$
普通渣	38~49	62~42	6~17	1~13	0.1~1	0.15~2			0.2~1.5	
高钛渣	23~46	20~35	9~15	2~10	<1		20~29	0.1~0.6	<1	

成分	$w(CaO)$	$w(SiO_2)$	$w(Al_2O_3)$	$w(MgO)$	$w(MnO)$	$w(Fe_2O_3)$	$w(TiO_2)$	$w(V_2O_5)$	$w(S)$	$w(F)$
锰钛渣	28~47	21~37	11~24	2~8	5~23	0.1~1.7			0.3~3	
含氟渣	35~45	22~29	6~8	3~7.8	0.15~0.19					7~8

3.2.1.2 钢渣

钢渣是炼钢过程中排出的废渣，主要有铁水和废钢中的元素氧化后生成的氧化物、金属炉料带入的杂质、加入的造渣剂和氧化剂、被侵蚀的炉衬及补炉材料等。钢渣的产生量一般约占粗钢产量的 15%~20%。

A 钢渣的分类

（1）按炼钢炉型分，可分为转炉钢渣、平炉钢渣、电炉钢渣。

（2）按生产阶段分，可分为电炉渣——氧化渣、还原渣；平炉渣——初期渣、后期渣。

（3）按化学性质分，可分为碱性渣、酸性渣。

B 钢渣的化学及矿物组成

钢渣的化学成分主要为铁、钙、硅、镁、铝、锰、磷等元素的氧化物，其中钙、铁、硅的氧化物占绝大部分。不同钢渣的化学成分见表 3-5。

表 3-5 不同钢渣的化学成分 （%）

成分	$w(CaO)$	$w(FeO)$	$w(Fe_2O_3)$	$w(SiO_2)$	$w(MgO)$	$w(Al_2O_3)$	$w(MnO)$	$w(P_2O_5)$
转炉钢渣	45~55	5~20	5~10	8~10	5~12	0.5~1	1.5~2.5	2~3
平炉初期渣	20~30	27~31	4~5	9~34	5~8	1~2	2~3	6~11
平炉精炼渣	35~40	8~14		16~18	9~12	7~8	0.5~1	0.5~1.5
平炉后期渣	40~45	8~18	2~18	10~25	5~15	3~10	1~5	0.2~1
电炉氧化渣	30~40	19~22		15~17	12~14	3~4	4~5	0.2~0.4
电炉还原渣	55~65	0.5~1		11~20	8~13	10~18		

钢渣呈黑色，外观像水泥熟料，其中夹带部分铁粒，硬度较大，密度为 1700~2000kg/m³，其成分组成基本稳定。钢渣的主要矿物组成为橄榄石（$2FeO \cdot SiO_2$）、硅酸二钙（$2CaO \cdot SiO_2$）硅酸三钙（$3CaO \cdot SiO_2$）、铁酸二钙（$2CaO \cdot Fe_2O_3$）及游离氧化钙 CaO 等。

C 钢渣的主要化学性质

a 碱度

指钢渣中 CaO 与 SiO_2 和 P_2O_5 的含量（质量）比，即 $R = m(CaO)/m(SiO_2 + P_2O_5)$。根据碱度的高低，可将钢渣分为低碱度渣（$R = 0.78~1.8$），中碱度查（$R = 1.8~2.5$）和高碱度渣（$R > 2.5$）。随着碱度的不同，钢渣中主体矿物相也有所差别。钢渣利用主要以中、高碱度钢渣为主。

不同碱度钢渣的主体矿物相见表 3-6。

表 3-6　不同碱度钢渣的主体矿物相

碱　度	主体矿物相	碱　度	主体矿物相
0.9~1.4	钙镁橄榄石	1.6~2.4	硅酸二钙
1.4~1.6	镁辉石	大于 2.4	硅酸三钙

b　活性

指钢渣中 $3CaO \cdot SiO_2(C_3S)$、$2CaO \cdot SiO_2(C_2S)$ 等具有水硬胶凝性活性矿物的含量。当钢渣碱度 R 为 1.8~2.5 时，其中的 C_3S 和 C_2S 的含量之和为 60%~80%；$R>2.5$ 时，钢渣中的主要矿物为 C_3S。但活性矿物的水硬性需很长时间才能表现出来，研究表明，掺钢渣的水泥或混凝土在几年、十几年甚至更长时间内其强度仍有较大幅度的增长。为利用钢渣的活性矿物，可采用细磨的方式降低其粒度，并采用外加剂激发其活性。钢渣水泥一般具有早期强度低、后期强度高的特点。

c　稳定性

指钢渣中 CaO、MgO、C_2S、C_3S 等不稳定组分的含量。这些组分在一定条件下都具有体积不稳定性，碱度高的熔融炉渣缓慢冷却时，C_3S 在 1250~1100℃ 温度区域会分解出 C_2S 和 CaO；C_2S 在 675℃ 发生相变，由 β-C_2S 转变为活性很低的 γ-C_2S，体积膨胀 10%；CaO 水化消解为 $Ca(OH)_2$，体积成倍增大；MgO 消解为 $Mg(OH)_2$，体积膨胀 77%。只有等基本消解完毕后，体积才会趋于稳定。

d　易磨性

钢渣的耐磨程度与其矿物组成和结构有关，钢渣结构致密，含铁量高，因此较耐磨。钢渣比矿渣耐磨，所以宜作路面材料。易磨性可用相对易磨系数表示，将物料与标准砂在相同条件下粉磨，所得比表面积之比即为相对易磨系数。不同物料的易磨性比较见表 3-7。

表 3-7　不同物料的易磨性比较

物　料	钢　渣	水　渣	旋窑熟料	立窑熟料	标准砂
比表面积/$cm^2 \cdot g^{-1}$	3150	4320	4270	5170	4500
相对易磨系数	0.70	0.96	0.95	1.15	1.00

3.2.1.3　铁合金渣

铁合金渣是冶炼铁合金过程中排出的废渣。由于铁合金产品种类很多，原料工艺各不相同，产生的铁合金渣也不同。

A　铁合金渣的分类

a　按冶炼工艺分

可分为火法冶炼废渣、浸出渣。

b　按铁合金品种分

可分为锰系铁合金渣、铬铁渣、硅铁渣、钨铁渣、钼铁渣、磷铁渣。

B 铁合金渣的化学成分

我国一些铁合金渣的化学成分见表3-8。

表 3-8 我国铁合金废渣的主要成分 （%）

成分	$w(MnO)$	$w(SiO_2)$	$w(Cr_2O_3)$	$w(CaO)$	$w(MgO)$	$w(Al_2O_3)$	$w(FeO)$ $w(Fe_2O_3)$	$w(V_2O_5)$	$w(TiO_2)$
高炉锰铁渣	5~10	25~30		33~37	2~7	1.4~1.9	1~2		
碳素锰铁渣	8~15	25~30		30~42	4~6	0.7~1	0.4~1.2		
硅锰合金渣	5~10	35~40		20~25	1.5~6	1~2	0.2~2		
碳素铬铁渣		27~30	24~30	2.5~3.5	26~46	1.6~1.8	0.5~1.2		
硅 铁 渣		30~35		11~16	1	13~30	3~7		
钨 铁 渣	20~25	35~50		5~16		5~15	3~9		
钼 铁 渣		48~60		6~7	2~4	10~13	13~15		
磷 铁 渣		37~40		37~44		2	1.2		
钒浸出渣	2~4	20~28		0.9~1.7	1.5~2.8	0.8~3	8~10	1.1~1.4	
钒铁冶炼渣		25~28		50~55	5~10	8~10		0.35~5	
金属铬浸出渣	$w(Na_2CO_3)$ 3.5~7	5~10	2~7	23~30	24~30	3.7~8			
金属铬冶炼渣	$w(NaO)$ 3~4	1.5~2.5	11~14	0~1	1.5~2.5	72~78			
钛 铁 渣	0.2~0.5	0~1		9.5~10.5	0.2~0.5	73~75	0~1		13~15
硼 铁 渣		1.13		4.63	17.09	65.35	0.24		

3.2.1.4 有色金属渣

有色金属渣是指冶炼有色金属过程中产生的废渣。

A 有色金属渣的分类

a 按生产工艺分

可分为火法冶炼形成的熔融矿渣；湿法冶炼生成的残渣；冶炼过程排出的烟尘和污泥。

b 按金属矿物的性质

可分为重金属渣、轻金属渣和稀有金属渣。

B 有色金属废渣的化学成分

国内几种有色金属废渣的化学成分见表3-9。

表 3-9 几种有色金属废渣的化学成分 （%）

成分	$w(SiO_2)$	$w(CaO)$	$w(MgO)$	$w(Al_2O_3)$	$w(Fe)$	$w(Cu)$	$w(Pb)$	$w(Zn)$	$w(Ag)$	$w(Sb)$	$w(As)$	$w(Ge)$	$w(Ni)$
铜渣	30~40	4~15	1~5	2~4	25~38	0.2~1	<2	2~3	0.5	0.2			
铅渣	20~30	14~22	1~5	10~24	20~40	0.3	0.2~0.4	2					

成分	$w(SiO_2)$	$w(CaO)$	$w(MgO)$	$w(Al_2O_3)$	$w(Fe)$	$w(Cu)$	$w(Pb)$	$w(Zn)$	$w(Ag)$	$w(Sb)$	$w(As)$	$w(Ge)$	$w(Ni)$
锌渣	12~14				33	0.7	0.5	2			0.03	0.004	
镍渣	42~44	2~3			20~25								0.12~0.13

3.2.2　冶金工业固体废物的加工与处理

3.2.2.1　高炉矿渣的加工处理

在利用高炉矿渣之前，需对其进行加工处理，用途不同、加工处理方法不同。我国通常把高炉矿渣加工成水渣、矿渣碎石等方式加以利用。

A　高炉矿渣水淬处理工艺

高炉矿渣水淬处理工艺是将熔融状态的高炉矿渣置于水中急速冷却，限制其结晶，并使其粒化。目前常用的水淬方法有渣池水淬和炉前水淬两种。

a　渣池水淬

渣池水淬是用渣罐将熔渣拉到距离高炉较远的地方，直接倒入水池中，熔渣遇水后急剧冷却成水渣。水渣用吊车抓出，放置于堆场装车外运。

此法优点是节约用水，主要缺点是易产生大量渣棉和硫化氢气体，污染环境。属逐渐淘汰的处理工艺。

b　炉前水淬

炉前水淬是利用高压水使高炉渣在炉前冲渣沟内淬冷成粒状，并输送到沉渣池形成水渣。水渣经抓斗抓出，堆放脱水后外用。

根据过滤方式的不同，炉前水淬可分为炉前渣池式、炉前渣车式、水利输送式、沉淀池过滤式、旋转滚筒式及脱水仓式等。

B　高炉重矿渣碎石工艺

高炉重矿渣碎石是高炉熔渣在渣坑或渣场自然冷却或淋水冷却，形成结构较为致密的矿渣后，经破碎、磁选、筛分等工序加工成的一种碎石材料。

重矿渣碎石处理工艺主要有热泼法和渣场堆存开采法两种。

a　热泼法

热泼法有炉前热泼法和渣场热泼法两种形式。

炉前热泼法是让熔渣经渣沟直接流到热泼坑，每泼一层熔渣便要淋一次水，促使其加速冷却和破裂。待泼到一定厚度后，便可进行挖掘，运至处理车间进行破碎、磁选和筛分，得到不同规格的碎石。目前国外多采用薄层多层热泼法，渣层薄，气体易析出，因此渣石密度大、强度高。

渣场热泼法是将熔渣用渣罐车运到渣场热泼，其后处理工艺同炉前热泼。该工艺的优点是工艺简单、处理量大、产品性能稳定。缺点是占地面积大。

b　渣场堆存开采法

该方法是用渣罐车将熔渣运至堆渣场，分层倾倒，形成渣山后，再进行开采。

高炉重矿渣碎石工艺的优点是设备简单，投资省，生产成本低。一般情况下，建一条重矿渣碎石生产线的基建投资约为建同等能力的天然石场的 1/3～1/2，渣石成本约为天然碎石的 1/2～2/3。

C　膨胀矿渣珠（膨珠）生产工艺

膨珠生产工艺是 20 世纪 70 年代发展起来的高炉渣处理新技术。如图 3-2 所示，高温熔渣经渣沟流到膨胀槽上，与高压水接触后，即开始膨胀，并流至滚筒上，被高速旋转的滚筒击碎并抛甩出去，冷却成珠落入膨珠池内。膨珠具有多孔、质轻、表面光滑的特点，既可同水渣一样利用，又可作轻骨料。

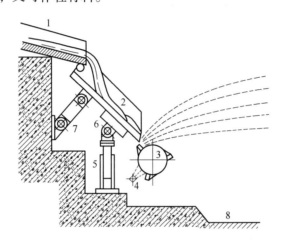

图 3-2　高炉渣膨珠生产工艺

1—熔渣槽；2—膨胀槽；3—滚筒；4—冷却水管；5—升降装置；6，7—调节器；8—膨珠池

该工艺的优点是比水淬法用水量少，环境污染小，可抑制 H_2S 气体的产生；比热泼法占地面积小，处理效率高；投资省，成本低。

3.2.2.2　钢渣的加工处理

钢渣处理工艺主要有热泼法、盘泼水冷法、水淬法、风淬法、钢渣粉化处理几种。

A　热泼法

热熔钢渣倒入渣罐后，用车辆运到钢渣热泼车间，利用吊车将渣罐的液态渣分层泼倒在渣床上（或渣坑内）喷淋适量的水，使高温炉渣急冷碎裂并加速冷却，然后用装载机、电铲等设备进行挖掘装车，再运至弃渣场。需要加工利用的，则运至钢渣处理间进行粉碎、筛分、磁选等工艺处理。

B　盘泼水冷（ISC）法

在钢渣车间设置高架泼渣盘，利用吊车将渣罐内液态钢渣泼在渣盘内。渣层一般为 30～120mm 厚，然后喷以适量的水促使急冷破裂。再将碎渣翻倒在渣车上，驱车至池边喷水降温，再将渣卸至水池内进一步降温冷却。钢渣粒度一般为 5～100mm，最后用抓斗抓出装车，送至钢渣处理车间，进行磁选、破碎、筛分、精加工。

C　水淬法

热熔钢渣在流出、下降过程中，被压力水分割、击碎，再加上熔渣遇水急冷收缩产生应力集中而破裂，使熔渣粒化。由于钢渣比高炉矿渣碱度高、黏度大，其水淬难度也大。为防止爆炸，有的采用渣罐打孔，在水渣沟水淬的方法并通过渣罐孔径限制最大渣流量。

D　风淬法

渣罐接渣后，运到风淬装置处，倾翻渣罐，熔渣经过中间罐流出，被一种特殊喷嘴喷出的空气吹散，破碎成微粒，在罩式锅炉内回收高温空气和微粒渣中所散发的热量并捕集渣粒。经过风淬而成微粒的转炉渣，可作建筑材料。

E　钢渣粉化处理

由于钢渣中含有未化合的游离氧化钙（CaO），用压力 0.2~0.3MPa，100℃的蒸汽处理转炉钢渣时，其体积增加 23%~87%，小于 0.3mm 的钢渣粉化率达 50%~80%。在渣中主要矿相组成基本不变的情况下，消除了 CaO，提高了钢渣的稳定性。此种处理工艺可显著减少钢渣破碎加工量并减少设备磨损。

3.2.3　冶金工业固体废物的利用

3.2.3.1　高炉矿渣的综合利用

根据高炉矿渣的化学组成和矿物组成可知，高炉矿渣属硅酸盐材料的范畴，适于加工制作水泥、碎石、骨料等建筑材料。

A　水淬矿渣作建筑材料

利用水淬矿渣作水泥混合材是国内外普遍采用的技术。我国 75% 的水泥中掺有高炉水淬渣。在水泥生产中，高炉渣已成为改进性能、扩大品种、调节标号、增加产量和保证水泥安定性的重要原材料。目前使用矿渣最多的主要有以下几种建筑材料。

a　矿渣硅酸盐水泥

简称矿渣水泥，是我国产量最大的水泥品种。是用硅酸盐水泥熟料和粒化高炉渣加 3%~5% 的石膏磨细制成的水硬性胶凝材料。水渣加入量一般为 20%~70%。

与普通硅酸盐水泥相比，矿渣水泥的主要特点是：

（1）具有较强的抗溶出性及抗硫酸盐侵蚀的性能，故可适用于海上工程及地下工程等。

（2）水化热较低，可用于浇筑大体积混凝土工程。

（3）耐热性好，用于高温车间及容易受热的地方比普通水泥好。此外，在干湿、冷热变动较为频繁的场合，其性能不如普通硅酸盐水泥，故不宜用于水位经常变动的水工混凝土建筑中。

b　石膏矿渣水泥

由 80% 左右的高炉渣，加 15% 左右的石膏和少量硅酸盐水泥熟料或石灰，混合磨细后得到的水硬性胶凝材料。石膏矿渣水泥成本较低，有较好的抗硫酸盐侵蚀和抗渗透性能。但周期强度低，易风化起砂，一般适用于水工建筑混凝土和各种预制砌块。

c　矿渣混凝土

以矿渣为原料，加入激发剂（水泥熟料、石灰、石膏等），加水碾磨后与骨料拌合。

矿渣混凝土配合比见表3-10。

矿渣混凝土的各种物理性能，如抗拉强度，弹性模量、耐疲劳性能和钢筋的黏结力等均与普通混凝土相似，其优点在于具有良好的抗水渗透性能，可制成性能良好的防水混凝土；耐热性好，可用于工作温度在600℃以下的热工工程，能制成强度达50MPa的混凝土。

表3-10 矿渣混凝土配合比

项　　目	不同标号混凝土配合比			
	C15	C20	C30	C40
水泥（32.5级）			≤15	20
石灰	5~10	5~10	≤5	≤5
石膏	1~3	1~3	0~3	0~3
水	17~20	16~18	15~17	15~17
水灰比	0.5~0.6	0.45~0.55	0.35~0.45	0.35~0.4
浆：矿渣（质量比）	（1:1）~（1:1.2）	（1:0.75）~（1:1）	（1:0.75）~（1:1）	（1:0.5）~（1:1）

d　矿渣砖

用水渣加入适量水泥等胶凝材料，经过搅拌、轮碾、成型、蒸汽养护等工序而成。一般配比为水渣85%~90%，磨细生石灰10%~15%。矿渣砖的抗压强度一般可达10MPa以上，适用于水下或水中建筑，不适用于高于250℃的环境下使用。矿渣砖性能见表3-11。

表3-11 矿渣砖性能

规格 /mm×mm×mm	抗压强度 /MPa	抗折强度 /MPa	密度 /kg·m⁻³	吸水率 /%	导热系数 /W·(m·K)⁻¹	磨损系数
240×115×53	9.8~19.6	24~30	2000~2100	7~10	0.5~0.6	0.94

B　矿渣碎石作基建材料

未经水淬的矿渣碎石，其物理性能与天然岩石相近，其稳定性、坚固性、耐磨性及韧性等均满足基建工程的要求。在我国一般用于公路、机场、地基工程、铁路道砟、混凝土骨料和沥青路面等。

矿渣混凝土是指用矿渣碎石作为骨料配制的混凝土，在我国已经有几十年的使用历史。矿渣碎石混凝土不仅具有与普通碎石混凝土相似的物理力学性能，而且还具有较好的保温、隔热、耐热、抗渗和耐久性能。现已广泛应用于500号以下的混凝土、钢筋混凝土及预应力混凝土工程中。

a　用于地基工程

矿渣碎石的极限抗压强度一般都超过了50MPa，因此完全满足地基处理的要求。我国早在20世纪30年代就使用高炉渣加固地基，新中国成立后使用更加普遍。实践表明，用高炉渣作为软弱地基的处理材料，其特点是技术合理、安全可靠、施工方便、价格低廉。

b　修筑道路

矿渣碎石具有较为缓慢的水硬性，对光线的漫射性能好，摩擦系数大，适宜用作各种道路的基层和面层。实践表明，利用矿渣铺路，其路面强度、材料耐久性及耐磨性方面都有较好的效果。且矿渣碎石摩擦系数大，用其铺筑的矿渣沥青路面具有良好的防滑效果，缩短车辆的制动距离。

c　用作铁路道砟

高炉矿渣具有良好的坚固性、抗冲击性、抗冻性，且具有一定的减振和吸收噪声的功能。承受循环载荷的能力较强。目前，各大钢铁公司几乎都在使用高炉矿渣作为专用铁路的道砟。

C　膨珠作轻骨料

近年来发展起来的膨胀矿渣珠生产工艺生产的膨珠，具有质轻、面光、自然级配好、吸声隔热性能强的特点。用作混凝土骨料可节省20%左右的水泥，一般用来制作内墙板、楼板等。

用膨珠配制的轻质混凝土体积质量为1400~2000kg/m³，抗压强度为9.8~29.4MPa，导热系数为0.407~0.582W/(m·K)，具有良好的抗冻性、抗渗性和耐久性。

D　高炉渣的其他应用

高炉矿渣除用于建材生产外，还可以用来生产一些具有特殊性能的矿渣产品，如矿渣棉、微晶玻璃、热铸矿渣及矿渣铸石等。

a　生产矿渣棉

矿渣棉是以高炉矿渣为主要原料，加入白云石、玄武岩等调整成分，加热熔化后采用高速离心法或喷吹法制成的一种丝状矿物纤维。具有质轻、保温、隔声、隔热、防震等性能，可以加工成各种板、毡、管等制品，广泛用于冶金、机械、建筑、化工和交通等部门。

矿渣棉的物理性质见表3-12。

表3-12　矿渣棉的物理性质

等级	容积密度 /kg·m⁻³	导热系数 /W·(m·K)⁻¹	烧结温度 /℃	纤维直径 /μm	渣球含量 (直径小于0.5mm)/%	使用温度范围 /℃
一级	< 100	< 0.004	800	< 6	< 6	−200~700
二级	< 150	< 0.046	800	< 8	< 10	−200~700

b　生产微晶玻璃

微晶玻璃是近几十年发展起来的一种用途广泛的新型无机材料。其主要原料是高炉矿渣（62%~78%）、硅石（22%~38%）和其他非铁冶金渣等。一般需要由下列化合物组成：二氧化硅40%~70%，三氧化二铝5%~15%，氧化钙15%~35%，氧化镁2%~12%，氧化钠2%~12%，晶核剂5%~10%。

矿渣微晶玻璃生产工艺：在固定式或回转式炉中，将高炉矿渣与硅石和结晶催化剂一起熔化成液体，然后用吹、压等一般玻璃成型的方法成型，并在730~830℃下保温3h，最后升温至1000~1100℃并保温3h，使其结晶、冷却即为成品。

矿渣微晶玻璃产品比高碳钢硬，比铝轻，力学性能比普通玻璃大5倍多，耐磨性不亚于铸石，热稳定性好，电绝缘性能与高频瓷接近。矿渣微晶玻璃可广泛用于冶金、化工、煤炭、机械等工业部门的各种容器设备防腐的保护和金属表面的耐磨保护层，同时可以制造溜槽、管材等。

3.2.3.2 钢渣的综合利用

钢渣利用的研究始于20世纪初，由于成分复杂多变，其利用率一直不高。20世纪70年代以后，随着资源的日趋紧张及炼钢和综合利用技术的日趋发展，各国钢渣的利用率迅速提高。我国每年产生1000多万吨钢渣，利用率达60%左右。目前钢渣利用的主要途径是用作冶金原料、建筑材料以及农业应用等。

A 用作冶金原料

a 作烧结熔剂

烧结矿的生产一般需加石灰作熔剂。转炉钢渣一般含40%~50%的CaO，1t钢渣相当于0.7~0.75t石灰石。把钢渣加工到小于10mm的钢渣粉，便可替代部分石灰石直接作烧结配料用。配加量视矿石品位及含磷量确定，品位高，含磷低的精矿，可配加4%~8%。

钢渣作烧结熔剂不仅可回收利用钢渣中的钙、镁、锰、铁等元素，还可提高烧结机的利用系数和烧结矿的质量，降低燃料消耗。

b 作高炉炼铁熔剂

钢渣中除CaO外，还含有10%~30%的Fe，2%左右的Mn，若将其直接返回高炉作熔剂，不仅可回收钢渣中的铁，还可把CaO、MgO等作为助熔剂，从而节省大量的石灰石、白云石资源。钢渣中的钙、镁等均以氧化物的形式存在，不需经过碳酸盐的分解过程，因而可节省大量热能。使用时，要将钢渣处理成10~40mm的颗粒，使用数量视具体情况而定。

c 回收废钢铁

钢渣一般含有7%~10%的废钢铁，加工磁选后，可回收其中约90%的废钢铁。

B 用作建筑材料

a 生产钢渣水泥

高碱度钢渣含有大量的C_3S和C_2S等活性矿物，水硬性好，因此可成为生产无熟料及少熟料水泥的原料，也可作为水泥掺合料。钢渣水泥具有水化热低、后期强度高、抗腐蚀、耐磨性好等特点，是理想的道路水泥和大坝水泥。且具有投资省、成本低、设备少、节省能源和生产简便等优点。缺点是早期强度低、性能不够稳定。不同钢渣水泥的配比见表3-13。

表3-13 不同钢渣水泥的配比

品　种	标　号	质量配比/%				
		熟料	钢渣	矿渣	沸石	石膏
无熟料钢渣矿渣水泥	22.5~32.5		40~50	40~50		8-12
少熟料钢渣矿渣水泥	27.5~32.5	10~20	35~40	40~50		3-5
钢渣沸石水泥	27.5~32.5	15~20	45~50		25	7
钢渣硅酸盐水泥	32.5	50~65	30	0~20		5
钢渣矿渣硅酸盐水泥	32.5~42.5	35~55	18~28	22~32		4~5
钢渣矿渣高温型石膏白水泥	32.5		20~50	30~55		12~20

　　b　作筑路及回填材料

钢渣碎石具有密度大、抗压强度高、稳定性好、表面粗糙、与沥青结合牢固等特点，因而广泛应用于铁路、公路及工程回填。因钢渣具有活性，易板结成大块，因此特别适宜于在沼泽、海滩筑路造地。钢渣用作公路碎石，能够耐磨防滑，且具有良好的渗水及排水性能。

但钢渣具有体积膨胀的特点，故必须陈化后才能使用，一般要洒水堆放半年，且粉化率不得超过5%。要有合理级配，最大块直径不能超过300mm。最好与适量粉煤灰、炉渣或黏土混合使用，同时严禁将钢渣碎石用作混凝土骨料。

　　c　生产建材制品

把具有活性的钢渣与粉煤灰或炉渣按一定比例混合、磨细、成型、养护，即可生产出不同规格的砖、瓦、砌块等建筑材料，其生产的钢渣砖与黏土制成的红砖的强度和质量差不多。

但生产建材制品的钢渣一定要控制好CaO的含量和碱度。

　　C　用于农业

钢渣是一种以钙、硅为主含多种养分的、具有速效又有后劲的复合矿物质肥料。除硅、钙外，钢渣中还含有微量的锌、锰、铁、铜等元素，对作物生长起一定促进作用。由于在冶炼过程中经高温煅烧，其溶解度已大大改变，所含主要成分易溶量达全量的1/3~1/2，容易被植物吸收。

　　a　作钢渣磷肥

含P_2O_5超过4%的钢渣可直接作为低磷肥料用，相当于等量磷的效果，并超过钙镁磷肥的增产效果。钢渣磷肥不仅适用于酸性土壤，在缺磷碱性土壤也可增产；实践表明，施加钢渣磷肥后，一般可增产5%~10%。我国许多地区土壤缺磷或呈酸性，充分利用钢渣资源，对促进农业生产具有积极意义。

　　b　作硅肥

硅是水稻生产需求量较大的元素，含SiO_2超过15%的钢渣，磨细至60目以下即可作硅肥用于水稻田，一般每亩使用100kg，可增产水稻10%左右。

　　c　作土壤改良剂

钙、镁含量高的钢渣磨细后，可作为酸性土壤改良剂，并且也利用了磷和其他微量元素。其用于农业生产，还可增强农作物的抗病虫害能力。

3.2.3.3　有色冶金废渣的综合利用

　　A　从铜转炉渣中回收铁

日本铜转炉渣含铜2.1%~7.2%，部分直接返回鼓风炉熔炼，60%左右的转炉渣经选矿处理后，回收的铜精矿返回冶炼系统。含铜低的尾矿含铁高达58%，称为铁精矿，因其二氧化硅含量高，粒度细，其部分用作炼铁原料，大部分用作水泥原料。

　　B　从铅火法精炼碱性浮渣提取碲

首先，将浮渣磨细后，在70~80℃温度下用水浸出，使碲进入碱性溶液，碲的浸出率在96%以上。然后用电解法在碱性溶液中析出碲，碲的回收率为99%左右。

　　C　电炉-电解法处理锌窑渣

锌窑渣是湿法炼锌过程中经过回转窑处理后的残渣，含铁、锌、银较高，并含有20%

左右的碳。先采用电炉熔炼，然后进行电解处理可回收其中的有价金属。其工艺是首先将渣进行磁选，选出磁性铁，并在电炉中熔融成含铜生铁。炉料中的锌、铅和部分铟在烟尘系统收集下来，含铜生铁铸成阳极进行电解，其中的铜、铟、金、银等沉积于阳极泥中回收。

D 从镍钴渣提取硝酸钴

将镍钴渣用浓盐酸在高温下进行溶解，钴、镍锰、铜、铁进入溶液，过滤后将滤渣弃去。将酸浸后的溶液加热到 80~90℃，用铁丝置换除铜，沉淀渣用作回收铜。除铜后的溶液加热到 60~80℃，采用氯酸钠作氧化剂将 2 价铁氧化为 3 价铁，再加入碳酸钠调 pH 值在 3.5 附近，使铁完全沉淀。除铁后的溶液在 80℃和 pH 值为 1.5~2 时，加入次氯酸钠可将钴、锰沉淀，溶液送去回收镍。钴、锰渣再加入硝酸溶解，使钴进入溶液而锰仍留在渣中。硝酸钴溶液经蒸发浓缩后可得到含钴 8%的硝酸钴。

3.3 能源工业固体废物的处理利用

能源工业固体废物主要包括煤炭、电力等部门所排出的固体废物，如粉煤灰、炉渣等。

3.3.1 粉煤灰性质

煤粉经高温燃烧后形成的一种类似火山灰质的混合材料，是冶炼、化工、燃煤电厂等企业排出的固体废物。现在我国每年粉煤灰的排放量已达到 1.6 亿吨，这么多的粉煤灰长期堆放既占用农田又造成了大量的环境污染，粉煤灰的资源化已成为我国亟待解决的问题。

3.3.1.1 粉煤灰的化学及矿物组成

粉煤灰的化学成分是评价粉煤灰质量优劣的重要技术基础。粉煤灰的化学组成与黏土类似，主要成分为 $w(SiO_2)$ 为 40%~60%、$w(Al_2O_3)$ 为 17%~35%、$w(Fe_2O_3)$ 为 2%~15%、$w(CaO)$ 为 1%~10% 和未燃炭。其余为少量 K、P、S、Mg 等的化合物和 As、Cu、Zn 等微量元素。

粉煤灰的矿物组成非常复杂，主要有无定形相和结晶相两大类。无定形相主要为玻璃体，约占粉煤灰总量的 50%~80%，此外，未燃尽的炭粒也属于无定形相。结晶相主要有石英、莫来石、云母、长石、赤铁矿等。

3.3.1.2 物理性质

粉煤灰外观是灰色或灰白色的粉状物，含炭量大的粉煤灰呈灰黑色。粉煤灰颗粒多半呈玻璃状态，在形成过程中，由于表面张力的作用，部分呈球形，表面光滑，微孔较小。小部分因熔融状态下互相碰撞而粘连，形成表面粗糙、棱角较多的组合颗粒。

粉煤灰的密度与化学成分相关，低钙灰的密度一般为 1800~2800kg/m³，高钙灰一般为 2500~2800kg/m³。气孔率一般为 60%~75%，粒度一般为 45μm，比表面积为 2000~4000cm²/g。

3.3.1.3 活性

粉煤灰的活性是指粉煤灰与石灰、水混合后显示的凝结硬化性能。粉煤灰含有较多的活性氧化物，如二氧化硅、三氧化二铝等，它们分别与氢氧化钙在常温下起化学反应生成较稳定的水化硅铝酸钙，与石灰、水泥熟料等碱性物质混合加水拌合后能凝结、硬化并具有一定的强度。

粉煤灰的活性不仅取决于它的化学组成，而且与它的物相组成和结构特征有密切关系。高温熔融并经过骤冷的粉煤灰，含大量的表面光滑的玻璃微珠，具有较高的化学内能，是粉煤灰活性的主要来源。玻璃体中活性二氧化硅和三氧化二铝含量越高，粉煤灰的活性越强。

3.3.2 粉煤灰的加工与处理

根据粉煤灰的排放方式可分为湿排粉煤灰和干排粉煤灰两种。

3.3.2.1 湿排粉煤灰的脱水

湿排粉煤灰是采用较多量的水，直接从湿式除尘器或静电除尘器下将粉煤灰稀释成流体，其含水率高达95%～98%，需进行脱水处理才能使用。粉煤灰的脱水工艺主要有自然沉降法、自然沉降-真空脱水法、浓缩真空过滤脱水法（图3-3）等，可将其的含水率降至35%～40%。

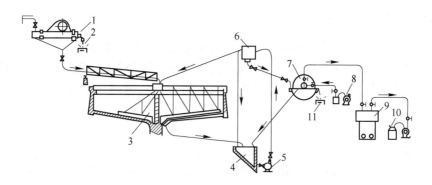

图 3-3 浓缩真空过滤脱水工艺流程

1—脱水箱；2，11—胶带运输机；3—耙式浓缩机；4—灰浆池；5—砂泵；6—搅拌机；
7—真空过滤机；8—空压机；9—自动排液装置；10—水环式真空泵

3.3.2.2 干排粉煤灰的分选与活化

干排粉煤灰是将除尘器收集下来的粉煤灰，通过气力直接输送至储灰仓。

对粉煤灰的分选，主要是将粒度不同的粉煤灰，按要求分成不同的粒级，以提高粉煤灰的活性和产品的强度。常用的分选设备为旋风式粗细分离器。

除了粒度外，粉煤灰的活性还与其成分、结构和表面性质密切相关。目前，对粉煤灰的活化处理一般采用两条途径：一是增钙处理，即在电厂磨煤时专门掺入一定量的石灰或石灰岩，在燃烧过程中与煤灰中的氧化硅、氧化铝反应，生成具有水硬性的硅酸钙、铝硅酸钙；二是将粉煤灰用球磨机进一步磨细，使其在细度增加的同时产生具有活性的新表面。若在磨细的同时，再掺入一部分化学活化剂，则活化效果更好，该工艺被称为物理-化学联合活化，其工艺流程如图3-4所示。

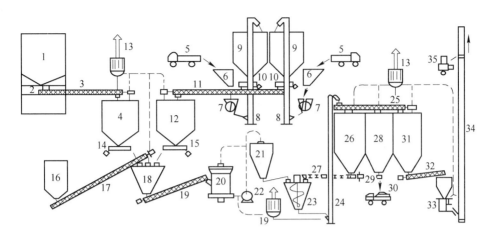

图 3-4 粉煤灰物理-化学联合活化工艺流程

1—粉煤灰库；2—锁气器；3, 11, 17, 19, 25, 27, 32—管式螺旋输送机；4—粉煤灰缓冲仓；5—自卸汽车；
6—受料斗；7—颚式破碎机；8, 24—斗式提升机；9—激发材料仓；10, 14, 15—电振给料机；12—激发材料
缓冲仓；13—袋式除尘器；16—外加剂仓；18—给料机；20—摆式磨粉机；21—旋风收尘器；22—循环风机；
23—混合机；26, 28, 31—成品仓；29—卸料器；30—散装水泥车；33—包装机；34—胶带输送机；35—叉车

3.3.3 粉煤灰的综合利用

目前，我国粉煤灰的主要利用途径是生产建筑材料、筑路和回填；此外，还可用作农业肥料和土壤改良剂，回收工业原料和制作环保材料等。近年来我国粉煤灰产生量和利用情况见表 3-14。

表 3-14 我国近年粉煤灰产生量及利用情况

年份	2015	2016	2017	2018	2019	2020
灰渣总量/亿吨	5.6	5.6	5.8	6.28	6.4	6.5
综合利用量/万吨	4.27	4.32	5.35	4.77	4.91	5.07
利用率/%	76.25	77.14	92.24	75.96	76.72	78.00

3.3.3.1 粉煤灰用作建筑材料

粉煤灰用作建筑材料，是我国粉煤灰的主要利用途径之一，包括配制水泥、混凝土、烧结砖、蒸养砖、砌块及陶粒等。

A 粉煤灰水泥

粉煤灰水泥是由硅酸盐水泥和粉煤灰加入适量的石膏磨细而成的水硬性胶凝材料。粉煤灰的成分与黏土类似，可以代替黏土生产水泥。还可利用其残余炭，在煅烧水泥过程中节省燃料。粉煤灰中含有大量的活性 Al_2O_3、SiO_2 及 CaO 等，当掺入少量生石灰或石膏时，可生产无熟料水泥，也可掺入不同比例熟料生产各种规格的水泥。如以熟料为主，加入 20%~40%粉煤灰和少量石膏磨制，可制成粉煤灰硅酸盐水泥，其中也允许加入一定量的高炉水淬渣。但粉煤灰与水淬渣混合材料的掺入量不得超过 50%，其标号有 225 号、275 号、325 号、425 号、525 号 5 个。粉煤灰水泥水化热低、抗渗和抗裂性能好。该水泥

早期强度低，但后期强度高，能广泛应用于一般民用、工业建筑工程及水利工程和地下工程。

B　粉煤灰混凝土

粉煤灰混凝土是以硅酸盐水泥为胶结料，砂、石子等为骨料，并以粉煤灰取代部分水泥、加水拌合而成。实践表明，粉煤灰能减少水化热、改善和易性、提高强度、减少干缩率、有效改善混凝土的性能。

C　粉煤灰制砖

粉煤灰的成分与黏土相似，可以替代黏土制砖，粉煤灰的加入量可达30%~80%。粉煤灰蒸养砖石以粉煤灰为主要原料，掺入适量骨料、生石灰及少量石膏，经碾磨成型、蒸汽养护而成。粉煤灰的掺入量在65%左右，制成品一般可达100~150号，但抗折性较差。

D　粉煤灰陶粒

粉煤灰陶粒是用粉煤灰作主要原料，掺入少量黏结剂和固体燃料，经混合、成球、高温焙烧而制得的一种轻质骨料，粉煤灰陶粒的生产一般包括原材料处理、配料及混合、生料球制备、焙烧、成品处理等工艺过程。

粉煤灰陶粒主要特点是质量轻、强度高、热导率低、化学稳定性好等，比天然石料具有更为优良的物理力学性能。粉煤灰陶粒可用于配制各种用途的高强度混凝土，可用于工业与民用建筑、桥梁等许多方面。采用粉煤灰陶粒混凝土可减轻构件自重，改善使用性能，节约材料，降低造价，特别在大跨度和高层建筑中，陶粒混凝土的优越性更为显著。

3.3.3.2　筑路回填

A　筑路

粉煤灰能代替砂石、黏土用于公路路基、修筑堤坝。目前我国常采用粉煤灰、黏土、石灰掺合作公路路基材料。掺入粉煤灰后路面隔热性能好，防水性和板体性也有提高，适于处理软弱地基。

B　回填

煤矿区采煤后易塌陷，形成洼地，利用粉煤灰对矿区的煤坑、洼地进行回填，既降低了塌陷程度、消化了大量的粉煤灰，还能复垦造田，减少农户搬迁，改善矿区生态。粉煤灰还可调节粗粒尾砂的级配，改善黏土质尾砂的通水通气性能。

3.3.3.3　粉煤灰用于农业生产

A　作土壤改良剂

粉煤灰具有良好的物理化学性能，可用于改造重黏土、生土、酸性土和盐碱土。这些土壤加入粉煤灰后，体积质量降低，气孔率增加，通水透气性能得到明显改善，酸性得到中和，团粒结构得到改善，并具有抑制盐碱作用，从而有利于微生物生长繁殖，加速有机物的分解，提高土壤的有效养分含量和保温保水能力，增强作物的防病抗旱能力。

利用电磁场处理含 Fe_2O_3 约10%的粉煤灰，可获得磁化粉煤灰。磁化粉煤灰施入土壤后，能增加磁性，促进土壤微团聚体的形成，改善土壤结构和气孔率，提高通水、通气和保水能力，疏松土壤，提高土壤的易耕性，促进土壤的氧化还原反应，从而有利于有机组分的矿质化，提高营养元素的有效态含量；磁化粉煤灰还可使植物根系稳定，促进细胞分裂和生长，提高农作物产量。

B　作农业肥料

粉煤灰含有大量的枸溶性硅、钙、镁、磷等农作物必需的营养元素。当含有较高枸溶性钙镁时，可作改良酸性土壤的钙镁肥；当含有大量枸溶性硅时，可作硅肥；若含磷量较低时，也可添加磷矿石等，制成钙镁磷肥；添加适量石灰石、钾长石、煤粉等，经焙烧制成硅钾肥；此外，粉煤灰中含有大量 SiO_2、CaO、MgO 及少量 P_2O_5、S、Fe、Mo、B、Zn 等有用成分，因而也被用作复合微量元素肥料。

此外，粉煤灰中的微量元素，可参与植物的生物化学过程和酶的作用，影响植物的代谢和蛋白质、糖类、淀粉的合成。土壤中加入粉煤灰可增强植物的防病抗虫能力，起到了施加农药的作用。如粉煤灰可有效防止水稻因缺少硅、硫等而出现的稻瘟病，粉煤灰中的 Mo 可防止小麦发生麦锈病等。

3.3.3.4　回收工业原料

A　回收煤炭

一般粉煤灰中含碳量约 5%～16%左右。粉煤灰中含碳量太多，对粉煤灰建材（尤其蒸养制品）的质量和从粉煤灰中提取漂珠的质量有不良影响，同时也浪费了宝贵的炭资源。回收煤炭的方法主要有两种，一种是用浮选法回收湿排粉煤灰中的煤炭，回收率约为85%～94%，尾灰含碳量小于 5%。浮选回收的精煤灰具有一定的吸附性，可直接作吸附剂，也可用于制作粒状活性炭。另一种是干灰静电分选煤炭，利用灰、炭介电性能的不同，使二者在高压电场的作用下发生分离。静电分选工艺的炭回收率一般在 85%～90%之间，尾灰含碳量在 5.5%左右。回收煤炭后的灰渣适于作建筑材料。

B　回收金属物质

粉煤灰中含有 Fe_2O_3、Al_2O_3 和大量稀有金属，在一定条件下，这些金属物质都可回收。粉煤灰中的 Fe_2O_3 一般在 4%～20%之间，最高达 43%。粉煤灰中的铁可通过磁选法进行回收，其回收率可达 40%以上。粉煤灰中含 Al_2O_3 一般为 5%～7%，一般要求 Al_2O_3 含量大于 25%时方可回收。目前，铝回收的方法主要有高温熔融法、热酸淋洗法、直接熔解法等。

C　分选空心微珠

空心微珠是由 51%～60%的 SiO_2、26.2%～39.9%的 Al_2O_3、2.2%～8.7%的 Fe_2O_3 以及少量钾、铁、钙、镁、钠、硫的氧化物组成的熔融结晶体。空心微珠的密度一般只有粉煤灰的 1/3，粒径为 0.3～300μm。目前，国内主要用干法机械分选和湿法分选两种方法来分选空心微珠。空心微珠具有质量小、强度高、耐高温和绝缘性能好等多种优异性能。现已成为一种多功能的无机材料，主要用作塑料的填料、轻质耐火材料、高效保温材料，以及石化工业的催化剂、填充剂、吸附剂和过滤剂等。还可用作人造大理石的填料、此外还可用作航天航空设备的表面复合材料和防热系统材料。

3.3.3.5　用作环保材料

A　环保材料开发

粉煤灰因其独特的理化性能而被广泛用于环保产业，如用于垃圾卫生填埋填料，用于制造人造沸石和分子筛，利用粉煤灰制絮凝剂，用作吸附剂，等等。

B　用于废水处理

粉煤灰可用于处理含氟废水、电镀废水及含重金属离子废水和含油废水。粉煤灰中含沸石、莫来石、炭粒和硅胶等，具有无机离子交换特性和吸附脱色作用。粉煤灰处理电镀废水，其对铬等重金属离子具有很好的去除效果。去除率一般在 90% 以上。若用 $FeSO_4$ 处理含铬废水，铬离子去除率可达 99% 以上。此外，粉煤灰还可以处理含汞废水，吸附了汞的饱和粉煤灰经焙烧将汞转化成金属汞回收，回收率高，其吸附性能优于粉末活性炭。

3.4　化学工业固体废物的处理利用

化学工业固体废物主要包括无机盐、氯碱、磷肥、纯碱、硫酸、有机合成染料、感光材料等原料和材料生产过程所产生的固体废物，如废催化剂、废化学药品、废酸碱、废三泥（底泥、浮渣、污泥）、废纤维丝、废片基等。

3.4.1　化学工业废渣的种类与特性

3.4.1.1　化学工业废渣的分类

A　按行业和工艺过程分

可分为无机盐工业废物（铬渣、氰渣、磷泥等）、氯碱工业废物（盐泥、电石渣等）、氮肥工业废物（主要是炉渣）、硫酸工业废物（主要是硫铁矿烧渣）、纯碱工业废物等。

B　按废物主要组成分

可分为废催化剂、硫铁矿烧渣、铬渣、氰渣、盐泥、炉渣、碱渣等各类炉渣。

3.4.1.2　化学工业废渣的特性

化学工业废渣主要有如下特点：

（1）固废产生量大。根据统计，一般每生产 1t 化工产品便会产生 1~3t 固体废物，有的产品甚至产生 8~12t 固体废物。目前，全国化工企业每年产生约 $3.72×10^7$ t 固体废物，占全国工业固体废物产生量的约 6.16%。因此，是较大的固体废物污染源之一。

（2）危险废物种类多，有毒物质含量高，对人体健康和环境危害大。化工废渣中相当一部分具有剧毒性、反应性及腐蚀性等特点。尤其是危险废物中有毒物质含量高，对人体和环境会造成较大危害。

（3）再生资源化潜力大。化工固废中有相当一部分是反应的原料和反应副产品，而且部分废物中还含有金、银、铂等贵重金属。通过专门的回收加工工艺，可以将有价值的物质从废物中回收，以取得经济、环境双重效益。

3.4.2　化学工业废渣的处理与回收

3.4.2.1　铬渣的综合利用

A　铬渣的来源与组成

铬渣即铬浸出渣，是冶金和化工企业在金属铬和铬盐生产过程中，由浸滤工序滤出的不溶于水的固体废物。

铬浸出渣为浅黄绿色的粉状固体，呈碱性。每生产 1t 重铬酸钠约产生 1.8~3t 铬渣，每生产 1t 金属铬约产生 12~13t 铬渣。根据有关统计，我国每年的铬渣产出量约为 200kt。

铬渣的化学与矿物组成见表 3-15、表 3-16。

表 3-15　铬渣的化学组成　　　　　　（%）

化学组成	$w(Cr_2O_3)$	$w(6 价铬)$	$w(SiO_2)$	$w(CaO)$	$w(MgO)$	$w(Al_2O_3)$	$w(Fe_2O_3)$
质量分数	3~7	0.3~1.5	8~11	23~36	20~33	5~8	7~11

表 3-16　铬渣的矿物组成　　　　　　（%）

矿物组成	$w(方镁石)$	$w(硅酸二钙)$	$w(铁铝酸钙)$	$w(亚铬酸钙和尖铬晶石)$		$w(铬酸钙)$
质量分数	20	25	25	5~10		2~3
矿物组成	四水铬酸钠	铬铝酸钙	碱式铬酸铁	碳酸钙	水合铝酸钙	氢氧化铝
质量分数	1~3	1~3	<0.5	2~3	1	1

B　铬渣的危害

铬的毒性与其存在的形态有关，铬化合物中 6 价铬（Cr^{6+}）毒性最剧烈，具有强氧化性和体膜透过能力，对人体的消化道、呼吸道、皮肤、黏膜及内脏都有危害。铬的化合物还有致癌作用。6 价铬在酸性介质中易被有机物还原成 3 价铬（Cr^{3+}），3 价铬在浓度较低的情况下毒性较小。

研究表明，铬渣中含有 6 价铬的 6 种组分的相对量为：四水铬酸钠占 41%，铬酸钙占 23%，铬铝酸钙与碱式铬酸铁占 13%，硅酸钙-铬酸钙固溶体占 18%，铁铝酸钙-铬酸钙固溶体占 5%。其中四水铬酸钠及游离铬酸钙（共占 64%）具有水溶性，易被地表水、雨水溶解，形成污染。其余 4 种组分虽难溶于水，但在长期露天堆存过程中，空气中的 CO_2 和水能使其水化，造成铬渣对环境的中长期污染。

C　铬渣的综合利用

含铬废渣在被排放或综合利用之前，一般需要进行解毒处理。由于铬的化合物具有较强的氧化作用，所以，铬渣解毒的基本原理就是在铬渣中加入还原剂，在一定的温度和气氛条件下，将有毒的 6 价铬还原成无毒的 3 价铬，从而达到消除铬污染的目的。

a　铬渣作玻璃着色剂

我国在 20 世纪 60 年代开始用铬渣代替铬铁矿作为绿色玻璃的着色剂。在高温熔融状态下，铬渣中的 6 价铬离子与玻璃原料中的酸性氧化物、二氧化硅作用，转化为 3 价铬离子而分散在玻璃体中，达到解毒和消除污染的目的，同时铬渣中的氧化镁、氧化钙等组分可替代玻璃配料中的白云石和石灰石原料，大大降低原材料的消耗量。

b　铬渣制钙镁磷肥

将铬渣与磷矿石、白云石、焦炭、蛇纹石等按一定比例加入电炉或高炉中，经高温熔融还原，将铬渣中的 6 价铬还原成 3 价铬，以 Cr_2O_3 形式进入磷肥半成品玻璃体中固定下来；其余 6 价铬被还原成金属铬元素进入副产品磷铁中，从而达到解毒的目的。

生产钙镁磷肥的主要原料是铬渣和磷矿石，其化学成分见表 3-17。

表 3-17　生产钙镁磷肥原料的化学成分　　　　　　　　（%）

成分	$w(Cr_2O_3)$	$w(CaO)$	$w(MgO)$	$w(SiO_2)$	$w(P_2O_5)$	$w(Al_2O_3)$	$w(Fe_2O_3)$
铬渣	2~7	28~33	26~33	5~8	—	6~11	7~12
磷矿石	—	40~50		7~15	28~35	—	—

用铬渣替代蛇纹石生产钙镁磷肥，为铬渣的综合利用找到了一条经济且适用的出路。由于工艺过程有 CO 和 C 等还原剂的存在，而且温度高达 1350~1450℃，使 6 价铬的高温熔融还原反应得以充分进行，还原较彻底。生成的 Cr_2O_3 进入磷肥玻璃体中被固定了下来，使用中不会再发生氧化反应生成 6 价铬。该工艺所用设备简单，易在小炼铁厂及磷肥厂中推广应用，一台 28m³ 小高炉每年可处理铬渣 8~10kt。

c　铬渣炼铁

用铬渣代替白云石、石灰石作为生铁冶炼过程的添加剂。在高炉冶炼过程中，铬渣中的 6 价铬可以完全还原，脱除率达 97% 以上，同时使用铬渣炼铁，还原后的金属进入生铁中，使铁中的铬含量增加，其力学性能、硬度、耐磨性、耐腐蚀性等均有所提高。

3.4.2.2　工业废石膏的回收利用

A　工业废石膏的来源及组成

工业废石膏主要包括磷酸、磷肥工业中产生的废磷石膏、烟气脱硫过程中产生的二水石膏，其他无机化学部门用硫酸浸蚀各类钙盐所产生的废石膏。我国以磷石膏为主，由于每生产 1t 磷酸要产生 5t 废磷石膏，因此，其产生量非常大。在许多国家，磷石膏排放量已超过天然石膏的开采量。

磷石膏的主要组成及含量见表 3-18。

表 3-18　磷石膏的主要成分及含量　　　　　　　　　　（%）

成分	$w(P_2O_5)$（可溶性）	$w(P_2O_5)$（不溶性）	w（氟化物）	$w(Al_2O_3)$	$w(Fe_2O_3)$	$w(SiO_2)$	$w(Na_2O)$	w（有机碳）
含量	< 0.25	< 0.1	0.1~0.4	0.1~0.5	0.05~0.25	0.5~6	0.002~0.01	0.0004~0.0025

B　磷石膏的提纯处理

在一般情况下，必须对磷石膏进行提纯处理，才能实现回收利用的目的。提纯是为了清除硫酸钙饱和溶液中的杂质，避免影响产品质量。磷石膏提纯处理的基本工艺流程是：

（1）先用水洗涤提取出磷石膏中的可溶杂质。

（2）通过湿法过筛清除其中的大颗粒。

（3）通过旋风分离法和过筛清除磷石膏中的细粉。

（4）经过分解、活化得到可以应用的熟石膏。

C　磷石膏的综合利用

a　磷石膏生产纸面石膏板

用经过提纯处理过的磷石膏和护面纸为主要原料，掺加适量纤维、胶粘剂、促凝剂、缓凝剂等，经过料浆培植、成型、切割、烘干等工艺流程即可制得纸面石膏板。其生产工艺流程如图 3-5 所示。

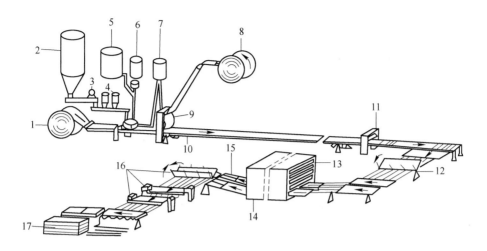

图 3-5 纸面石膏板生产工艺流程

1—正面用纸；2—石膏料仓；3—配料称量；4—添加剂；5—水；6—混合器；7—胶料；8—背面用纸；9—成型站；
10—皮带机；11—切割；12—翻板台；13—烘干入口；14—烘干机；15—烘干出口；16—刨边机；17—堆垛台

b 磷石膏生产水泥

将提纯处理后的磷石膏破碎后，经过计量，与水泥熟料、混合材等一起送入水泥磨，粉磨后即得成品水泥。

c 磷石膏用于改良土壤

磷石膏呈酸性，pH 值一般在 1～4.5，可以代替石膏改良碱土、花碱土和盐土，改善土壤理化性状及微生物活动条件，提高土壤肥力。

3.4.2.3 硫铁矿烧渣的综合利用

A 硫铁矿烧渣的来源及组成

硫铁矿烧渣是生产硫酸时焙烧硫铁矿产生的废渣，硫铁矿是我国生产硫酸的主要原料，目前采用硫铁矿或含硫尾砂生产的硫酸，约占我国硫酸总产量的 80% 以上。

硫铁矿烧渣的组成与矿石来源有很大关系，不同硫铁矿焙烧生成的矿渣成分不同，但基本成分主要包括三氧化二铁、四氧化三铁、金属硫酸盐、硅酸盐、氧化物及少量的铜、铅、锌、金、银等有色金属。

我国部分硫酸企业较典型硫铁矿烧渣的化学组成见表 3-19。

表 3-19 我国部分硫酸企业硫铁矿烧渣的化学组成 （%）

成分	$w(Fe)$	$w(FeO)$	$w(Cu)$	$w(Pb)$	$w(S)$	$w(SiO_2)$	$w(Zn)$
大化公司化肥厂	35				0.25		
铜陵化工总厂	55～75	4～6	0.2～0.35	0.015～0.04	0.43	10.06	0.043～0.083
吴径化工厂	52		0.24	0.054	0.31	15.96	0.19
四川硫酸厂	46.73	6.94		0.05	0.51	18.50	

成分	$w(Fe)$	$w(FeO)$	$w(Cu)$	$w(Pb)$	$w(S)$	$w(SiO_2)$	$w(Zn)$
杭州硫酸厂	48.83		0.25	0.074	0.33		0.72
衢州硫酸厂	41.99		0.23	0.0781	0.16		0.0952

B　硫铁矿烧渣的综合利用

a　制矿渣砖

将消石灰粉（或水泥）与硫铁矿烧渣混合，经过成型和养护即可制成矿渣砖。矿渣砖的主要原料是硫铁矿烧渣（约占 84%），是解决硫铁矿烧渣污染环境的有效途径之一。

硫铁矿烧渣制砖方法分为蒸养制砖和自然养护制砖两种，主要取决于原料烧渣和辅料的特性。

b　磁选铁精矿

硫铁矿烧渣中含有丰富的铁元素，利用磁选法回收其中的铁是硫铁矿烧渣综合利用的有效方法之一。

磁选前要将含铁量 49%~52% 的烧渣加水后形成浓度为 10%~20% 的矿浆，然后在球磨机中进行研磨，当料浆粒度小于 $74\mu m$（200 目）的占到 80% 以上时，将料浆控制适当流量送至磁选机进行磁选，磁选所得的精矿中夹带的泥沙可用水力冲洗的方法将其除去。磁选后的成品铁精矿中含铁量约为 55%~60%，硫铁矿烧渣铁回收率大于 60%。

c　制作铁系颜料

硫铁矿烧渣中含有丰富的铁元素，因此，可利用硫酸与硫铁矿烧渣反应制取硫酸亚铁，再经过一定工艺生产铁系颜料，这也是硫铁矿烧渣回收利用的有效途径之一。

主要化学反应方程式为：

$$Fe + H_2SO_4 = FeSO_4 + H_2$$
$$FeSO_4 + 2NaOH = Fe(OH)_2 + Na_2SO_4$$
$$4Fe(OH)_2 + O_2 = 4FeOOH + 2H_2O$$

硫铁矿烧渣制作铁系颜料的工艺流程，如图 3-6 所示。

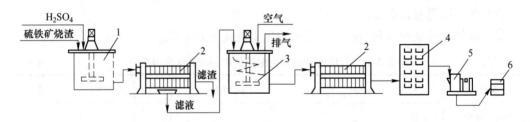

图 3-6　硫铁矿烧渣制铁系颜料工艺流程

1—反应桶；2—过滤；3—结晶；4—干燥；5—粉碎；6—包装

将硫铁矿烧渣及适量浓度的硫酸加入反应桶，反应后静置沉淀，经过滤后，得到硫酸亚铁溶液。向部分硫酸亚铁溶液加入氢氧化钠溶液，控制温度、pH 值和空气通入量，获得 FeOOH 晶种。将制备好的晶种投入氧化桶，加入硫酸亚铁溶液进行反应。氧化过程结束后，将料浆过滤除去杂质，然后经漂白、吸滤、干燥、粉磨等过程，即可得到铁黄颜料。铁黄颜料经 600~700℃ 煅烧脱水，即制得铁红颜料。

3.5　石油化学工业固体废物的处理利用

石油化学工业固体废物主要包括炼制、石油化工、石油化纤等生产过程所产生的固体废物，如废化学药剂、废催化剂、废三泥、聚合单体废块、废酸碱、废丝等。

3.5.1　概述

随着石油产量的增长，以石油及其加工产品为根本原料的石油化学工业产生的固体废物数量也逐年增长。截至 2022 年 1 月 1 日，我国内地共有石油炼制企业 52 家，原油加工产能 35330.0 万吨/年。

石油炼制企业消费过程中，有多种工业固体废物产生，主要包括废催化剂、废瓷球、废矿物油（泥）、碱渣等，并且多为危险废物。如处理不当，固体废物中有害物质便会通过雨水和大气到处扩散，污染大气、地表水和地下水，使环境遭到严重的破坏，危害人类的健康。

3.5.1.1　来源及分类

石油化学工业固体废物主要包括在生产过程中产生的固态、半固态以及容器盛装的液体、气体等危险废物。按生产行业可分为石油炼制行业固体废物、石油化工行业固体废物和石油化纤行业固体废物。石油炼制行业固体废物主要有酸碱废液、废催化剂和页岩渣，石油化工、石油化纤行业固体废物主要有废添加剂、聚酯废料、有机废液等。按化学性质可分为有机固体废物和无机固体废物。

3.5.1.2　石油化学工业固体废物的特点

（1）有机物含量高。原油处理过程中的损失率为 0.25%，除通过水、气损失外，其他大部分将含在固体废物中。石油化工、化纤行业产生的固体废物中绝大多数为有机废液。

（2）危险废物种类多。石油化学工业产生的固体废物大多数为危险废物，对人体健康和环境危害很大。

（3）资源化途径繁多。废催化剂含有的贵重稀有金属铂、铼、银等，只要采取适当的物理、化学、熔炼等加工方式就可以回收。含油量较高的底泥可用作燃料，废酸碱液经适当处理可以回收利用，页岩渣是多功能的建筑材料。

3.5.2　石油化学工业固体废物的处理利用

3.5.2.1　废碱液的处理利用

A　硫酸中和法回收环烷酸、粗酚

常压直馏汽、煤、柴油的废碱液中环烷酸含量高，可以直接采用硫酸酸化的方法回收环烷酸和粗酚。回收过程是先将废碱液在脱油罐中加热，静置脱油后往罐内加入浓度为 98% 的硫酸，控制 pH 值在 3~4 之间，发生中和反应生成硫酸钠和环烷酸，经沉淀可将硫酸钠的废水分离出去，将上层有机相进行多次水洗以除去硫酸钠和中性油，即可得到环烷酸产品。若用此法处理二次加工的催化汽油、柴油废碱液，即可得到粗酚产品。

　　B　二氧化碳中和法回收环烷酸、碳酸钠

　　为减轻设备腐蚀和降低硫酸消耗量，可采用二氧化碳中和法回收环烷酸。此法一般是利用 7%~11%（体积分数）的 CO_2 的烟道气碳化常压油品碱渣。回收过程是先将废碱液加热脱油后进入碳化塔，在塔内通入含 CO_2 的烟道气进行碳化，碳化液经沉淀分离。上层产品为环烷酸，下层为碳酸钠水溶液，碳酸钠水溶液经喷雾干燥即得到固体碳酸钠，纯度可达 90%~95%。

　　C　其他方法

　　采用化学精制处理常压柴油产生的废碱液，可用加热闪蒸法生产贫赤铁矿浮选剂，用以代替一部分塔尔油和石油皂，可使原来的加药量减少 48%。液态烃碱洗液含有硫化钠和烧碱，可用于造纸行业。

3.5.2.2　废酸液的处理利用

　　A　硫热解法回收硫酸

　　目前，国内回收硫酸多送到硫酸厂，将废酸喷入燃烧热解炉中，废酸与燃料一起在燃烧室中分解为 SO_2。裂解产生的气体经文丘里洗涤器除尘后，冷却至 90℃ 左右，再通过冷却器和静电酸雾沉降器，除去酸雾和部分水分，经干燥塔除去残余水分，以防止设备腐蚀和转化器中催化剂失效。在五氧化二钒的催化作用下，SO_2 转化生产 SO_3，用稀酸吸收，制成浓硫酸。

　　B　废酸液浓缩

　　废酸液浓缩的方法很多，目前使用比较广泛的成熟方法为塔式浓缩法。此法可将 70%~80% 的废酸液浓缩到 95% 以上。

3.5.2.3　页岩渣的处理利用

　　A　作矿井充填和筑路材料

　　页岩渣满足充填废弃矿井的物料要求，而且费用大大低于用河沙充填。国内某石油工业公司约 2/3 的干馏页岩渣用于矿井填充或作路基材料。

　　B　利用赤页岩粉作菱镁制品的改性填料

　　菱苦土是一种凝胶材料，其制品可用于各种建筑结构，但其耐水性差，故在使用上受到了限制。某市有关建材厂经大量探索性试验，发现赤页岩粉灰是改善菱苦土耐水性能的良好填料。赤页岩粉中的活性硅和活性铝可与菱苦土进行化学反应，产生不溶于水的硅酸镁和硅酸铝，改善菱苦土的耐水性能，其效果显著，且提高了其强度和安定性。

　　C　生产水泥

　　某水泥厂曾采用湿法配制水泥生料，配料中掺入了 28% 的页岩渣，所生产的水泥标号可达 425 号。

　　D　页岩渣制陶粒

　　将含碳 3% 左右的页岩渣干燥、磨细，然后与红黏土混合，加水制成料球，代替黏土以及白土粉作隔离剂，再经烘干制成较干的陶粒生球。生球经 300~400℃ 的烟气烘干、预热，再进入高温炉焙烧，保持炉温在 1150℃，陶粒即膨胀至最大粒径，出炉冷却后即得陶粒。

3.6 本章小结

本章介绍了典型的工业固体废物的处理与处置技术，分别对矿业、冶金工业、能源工业、化学工业和石油化学工业几个方面的固体废物的资源化利用方式和途径进行论述，并有实际案例和具体工艺供学生掌握学习。

思考练习题

3-1 钢渣处理工艺有哪几种，试比较各自优缺点。

3-2 利用粉煤灰可回收利用哪几种工业原料，简述各种回收方法。

3-3 试简述硫铁矿渣的回收利用方式。

4 农业固体废物的处理与处置

课前思考预习

1. 农业固体废物有哪些特点。
2. 农业固体废物的种类有哪些。
3. 塑料地膜资源化利用途径有哪些。
4. 植物纤维性农业固体废物资源化利用途径有哪些。
5. 畜禽粪污资源化利用途径有哪些。

4.1 农业固体废物的分类及特征

我国是个农业大国，农业废物量大面广，处理难度大。我们应该根据农业废物的分类及其特征加以处理和利用，以便更好的解决农业废物对环境的污染。

4.1.1 农业固体废物的分类

农业固体废物是指在农业生产活动中产生的固体废物，也称为农业垃圾，主要是指在农业生产中产生的废塑料、各种植物残渣、人畜粪便及废农具等。按其成分分类，主要包括植物纤维性废物（农作物秸秆、谷壳、果壳及甘蔗渣等农产品加工废弃物）、废农用薄膜、畜禽粪污三大类，是农业生产和再生产链环中资源投入与产出在物质和能量上的差额，也是资源利用过程中产生的物质能量流失份额。一般意义上的农业固体废物，主要是指农业生产和农村居民生活中不可避免的一种非产品产出。从资源经济学的角度上看，农业固体废物是某种物质和能量的载体，是一种特殊形态的农业资源。

4.1.1.1 农业固体废物的特点

由于农业产品的品种和产地的不同，农业固体废物的种类也千差万别，它们的理化性质存在着很大差异，但也有其共同的特点。

A 元素组成

除 C、O、H 三元素的含量高达 65%~90% 外，还含有丰富的 N、P、K、Ca、Mg、S 等多种元素。

B 化学组成

通常又可分为两大类：一类是天然高分子聚合物及其混合物，如纤维素、半纤维素、淀粉、蛋白质、天然橡胶、果胶和木质素等；另一类是天然小分子化合物，如生物碱、氨基酸、单糖、抗生素、脂肪、脂肪酸、激素、黄酮素、酮类、黏烯类和各种碳氢化合物。尽管天然小分子化合物在植物体内含量甚微，但大多具有生理活性，因而具有重要的经济价值。

C 物理性质

普遍具有表面密度小、韧性大、抗拉、抗弯、抗冲击能力强的特点。植物类废物干燥后对热、电的绝缘性和对声音的吸收能力较好，且具有较好的可燃性，并能产生一定的热量，热值一般为 12~16MJ/kg，虽比煤的低，但含硫量极少，燃烧清洁，且燃烧后产生的灰分用途也很广泛。

4.1.1.2 农业固废的种类

农业固体废物的种类很多，通常根据它们的来源来分类。农业固体废物按其来源可分为四种类型：

(1) 第一性生产废物，主要是指农田和果园残留物，如作物的秸秆或果树的枝条、杂草、落叶、果实外壳等。

(2) 第二性生产废物，主要是指畜禽粪便和栏圈垫物等。

(3) 第三性生产废物，主要指农副产品加工后的剩余物。

(4) 第四性生产废物，主要指农村居民生活废物，包括人粪尿及生活垃圾。

4.1.2 第一性生产废物的特征分析

4.1.2.1 第一性生产废物的特征及其利用方式

第一性生产废物是指作物秸秆、枯枝落叶等，是农业废物中最主要的部分。它是自然赐予人类宝贵的生物资源，其中含有丰富的有机质、纤维素、半纤维素、粗蛋白、粗脂肪和氮、磷、钾、钙、镁、硫等各种营养成分，可广泛应用于饲料、燃料、肥料、造纸、轻工食品养殖、建材、编织等各个领域。

4.1.2.2 如何有效开发我国的秸秆资源

我国秸秆资源丰富，开发利用潜力很大。根据我国农村现状，应在以下几方面加强工作，有效地开发秸秆资源。

(1) 根据地区农业经济和能源实际情况，因地制宜，进行秸秆还田。

(2) 按照"因地制宜，多能互补，综合利用，讲求效益"的原则，解决全国农村能源短缺问题。要充分合理地利用秸秆资源，扩大秸秆作为饲料、原料和还田的比例，根据地区差异，因地制宜地解决好农村能源问题。

(3) 优化秸秆编织技术和建材生产技术。有些地区有秸秆编织的传统绝技，比如陕西关中农村具有利用麦秆、玉米棒苞叶等编织的历史和传统。有关部门应从政策上予以扶持和鼓励，有条件的地方可组织民间编织协会；利用秸秆生产建材，吸收和引进这方面的新技术，尽可能做到变废为宝，造福于人类。

4.1.3 第二性生产废物的特征分析

4.1.3.1 第二性生产废物的产量及分布

我国是传统的农业国，畜禽种类繁多，主要的几种畜禽有猪、牛、羊、马、驴、骡、骆驼和鸡、鸭、鹅、兔。畜禽每天产生的粪尿量，随其种类、体型大小、饲料以及环境的温度和湿度而改变。若按新鲜粪尿计，猪平均每头一昼夜产粪 2kg，尿 2kg，每头每年产生粪尿约 1830kg；羊平均每只一昼夜产粪 1.5kg，尿 0.75kg，每只每年产生粪尿约

821.5kg；牛平均每头一昼夜产粪 20kg，尿 10kg，每头每年产生粪尿约 10950kg；马平均每匹每年产生粪尿约 7300kg；至于驴、骡、骆驼，与马差不多。各种家禽，鸡和兔平均每只一昼夜产粪 0.05kg，每只每年产粪约 18.25kg；鸭和鹅平均每只一昼夜产粪 0.15kg，每只每年产粪约 54.75kg。按上述标准测算，再根据各地区畜禽饲养量，全国畜的全年排泄量约 25.7 亿吨，禽的排泄量约 1.3 亿吨，全年畜禽总的产粪尿量约 27 亿吨。如此多的畜禽粪便，不仅污染了养殖场周围的环境，而且导致了水体的污染。随着生产的发展和人口的进一步增加，畜禽粪便的产生量正以年均 5%～10% 的速度递增。我国牲畜排粪量由高到低排序，排出最高的省（自治区）为：四川、河南、山东、云南、湖南、广西、内蒙古；畜禽排粪量由高到低排序，排出最高的省（自治区）为：广东、山东、四川、安徽、河南、广西、福建。目前，发展畜牧业已成为农民致富的主要途径。据调查，农村户均生猪存栏在 3 头以上，养禽 5 只以上，大牲畜平坝区约 0.35 头，山区半山区在 1.5 头以上。以农村户均 4 人，养猪 3 头，禽 5 只（以鸡计），大牲畜（以牛计）0.35 头，按人均排泄粪便 1.2kg/d，猪排泄粪便 15kg/d、牛 30kg/d、鸡 0.05kg/d 计算，农村户均每天产生人畜粪便 61kg，是城镇（以户均 3 人计）的 17 倍。

4.1.3.2 第二性生产废物的利用途径和开发价值

各种畜禽类的粪便都含有丰富的有机质，含有较高的 N、P、K 及微量元素，是很好的制肥原料。有机质在积肥、施肥过程中，经过微生物的加工分解及重新合成，最后形成腐殖质贮存在土壤中。腐殖质对改良土壤、培肥地力的作用是多方面的：它能调节土壤的水分、温度、空气及肥效，适时满足作物生长发育的需要；能调节土壤的酸碱度，形成土壤团粒结构；能延长和增进肥效，促进水分迅速进入植物体，并有催芽、促进根系发育和保温等作用。但畜禽粪便有臭味，难以作为一种商品肥料出售，因此，需要采取发酵除臭、化学除臭及物理化学除臭法进行处理。

4.1.4 第三性生产废物的特征分析

4.1.4.1 农副产品废物的种类

农副产品废物依其来源大致可以分为作物残体、畜产废物、林业废物、渔业废物和食品加工废物五大类。

4.1.4.2 农副产品废物的特征

A 作物残体

作物残体是指作物中不可食用的，在收获后仍留于田间的部分。作物残体的成分因其种类、成熟度而有所不同。一般作物残体以纤维素、半纤维素和木质素为主，另外也含有可溶性物质、糖类、蛋白质等。例如，稻草含纤维素 38.70%、半纤维素 18.30%、木质素 15.00%、粗蛋白质 4.10% 和灰分 12.20%。

B 畜产废物

畜禽排泄物的性质受饲养方式、饲料成分影响很大。例如，饲料不同，则猪的排泄物性质也不同。使用配合饲料时，其尿的 BOD、浮游物质、蒸发残留物、总氮素、磷和钾等含量皆比用厨余物饲养时高。

C 林业废物

林业废物主要为木质废物。例如，硬木含纤维素 45%～50%、半纤维素 20%～25%、木质素 20%～25%和其他成分 1%～5%。

D 渔业废物

水产品中淡水鱼的加工。淡水鱼一般头大、内脏多，采肉量仅为鱼体质量的 30%，鱼头、内脏、鱼鳞、鱼刺、鱼皮等下脚料被白白丢弃。如鳗鱼头含水分 69.6%、蛋白质 11.65%、脂肪 10.47%和灰分 3.92%。

E 食品加工废物

由于经济及工业的快速发展，生活水准不断提升，加工食品为人们重视。部分食品加工时，其不可食部分的废物由于水分含量高，而且易为微生物分解、易腐败，如处理不当常容易造成环境的污染。

4.1.5 第四性生产废物的特征分析

4.1.5.1 我国农村的生活垃圾数量及其成分特点

A 农村生活垃圾数量

由于城市产生的生活垃圾都运往郊区农村堆放处理，垃圾场地一般都设在城镇郊区，所以，农村承受了农村和城镇共同产生的生活垃圾，农村生活垃圾的数量实际是农村和城镇生活垃圾产生量之和。随着人民生活水平的提高，生活垃圾的数量在不断变化。20 世纪 80 年代以来，每年生活垃圾正在以 7%～10%的速度增长。

B 我国农村生活垃圾的成分及其特点

随着农村经济的发展和城镇化进程的加快，农村垃圾由过去的易自然腐烂的菜叶瓜皮，发展为由塑料袋、建筑垃圾、生活垃圾、农药瓶和作物秸秆、腐败植物组成的混合体，成分复杂，其中许多东西无人回收，不可降解。

由于不同地区经济水平、生活和饮食习惯不同，产生的生活垃圾成分也各不相同。按农村生活垃圾的化学成分，农村生活垃圾可分两类：一类是作物的养料成分如氮、磷、钾、有机质和微量元素；另一类是有毒有害物质，如重金属、化学药品残液和在垃圾堆放过程中产生的一些无机或有机化合物。我国广大农村生活垃圾容积密度约占 641～678kg/m³，其中无机成分（玻璃、陶瓷、砖砾，电池、金属）占 4.01%～5.42%，有机成分（橡胶、塑料、毛发、碎布、木片、杂骨、秸秆、皮革、废纸）占 1.14%～1.27%，灰泥占 84%～88%。

4.1.5.2 农村生活垃圾处理处置现状及存在问题

农村生活垃圾通常由农田来消纳，农民把柴灰直接施入农田作肥料，其他生活垃圾往往与人畜粪便或植物秸秆等一起在田间地头自觉与不自觉地制作堆肥。受经济条件和传统习惯影响，农村垃圾既没有固定的存放点，也没有处理场所，大多随意堆放在道路两旁、田边地头、水塘沟渠，经过日积月累，垃圾越堆越多，不少垃圾散发出恶臭气味。一方面污染了农村环境，影响了村容村貌；另一方面随着风吹雨淋，流入、侵入河流和湖泊，对水体造成严重污染。并存在将秸秆直接在田间焚烧现象，据《2021 中国生态环境状况公报》得知，2021 年，卫星遥感共监测到全国秸秆焚烧火点 7729 个（不包括云覆盖下的火点信息），主要分布在吉林、黑龙江、内蒙古、广西、山西、河北、辽宁、河南、山东等省（自治区），这会造成环境污染，同时也是对资源的浪费。

农村集镇垃圾一般都有清洁工人收集，并在镇郊固定场地堆放。在 20 世纪 70 年代中期以前，农村集镇的生活垃圾一般由周围农民运去作肥料。但当开始使用化肥和农药后，农民利用集镇生活垃圾作肥料也就日渐减少，加之运费提高等因素，离得较远的农民就不运了。我国目前普遍使用的裸弃堆放处置生活垃圾，未经覆盖处置的垃圾污秽不堪，散发臭气，滋生蚊蝇老鼠，尘土、纸和塑料片等随风飘舞，对周围的生态破坏严重。

4.2　植物纤维性废物资源化利用技术

4.2.1　植物纤维性废物资源与特点

4.2.1.1　植物纤维性废物的来源

据估计，地球上每年生产的植物纤维性废物约为 135 亿吨。农作物秸秆是世界上数量最多的一种农业生产副产品。我国各类农作物秸秆资源十分丰富，总产量达 7 亿多吨。在我国，主要植物纤维性废物分类见表 4-1。

表 4-1　我国主要植物纤维性废物分类

类　　别	具 体 名 称
秸秆类（22 种）	棉秆、麻秆、烟秆、高粱秆、玉米秆、葵花秆、稻草、小米秆、蓖麻秆、油菜秆、芝麻秆、黄豆秆、蚕豆秆、豌豆秆、红菩秆、木薯秆、香蕉秆、棕榈秆、麦秆、芦苇、剑麻秆（头）、次小杂竹
壳类（7 种）	稻壳、花生壳、椰子壳、葵花子壳、茶壳、果壳、菜籽壳
渣屑类（6 种）	蔗渣、麻屑、甜菜渣、拷胶渣、麻黄渣、竹屑

4.2.1.2　植物纤维性废物的特点

植物纤维性废物主要由植物细胞壁组成，它含有大量的粗纤维和无氮浸出物，也含有粗蛋白、粗脂肪、灰分和少量其他成分。植物细胞壁包含的纤维素和半纤维素较易被生物降解，而木质素除本身难以分解外，在植物细胞壁中，还常与纤维素、半纤维素、碳水化合物等成分混杂在一起，阻碍纤维素分解菌的作用，使得秸秆难以被生物所分解利用。

4.2.1.3　植物纤维性废物的利用

植物纤维性废物的利用，就是根据其物质组成、结构构造或物理技术特性的某一特点，通过一定的加工而得以充分利用，来满足人们的某一特殊需求。按照利用目的的不同来说，其价值主要体现在如下几方面：

（1）利用其含热量和可燃性作为能源使用。

（2）利用其营养成分制作肥料和饲料，以及加工生产淀粉、糖、酒、醋、酱油、食品等生化制品。

（3）提取其有机化合物和无机化合物，生产化工原料和化学制品。

（4）利用其物理技术特性，生产质轻、绝热、吸声的植物纤维增强材料。

（5）利用其特殊的结构构造，生产吸附脱色材料、保温材料、吸声材料、催化剂载体等。

4.2.2 废物还田技术

秸秆中含有丰富的有机质和氮、磷、钾、钙、镁、硫等肥料养分，是可利用的有机肥料资源。秸秆直接还田作肥料是一种简便易行的方法，不同地区都适用。

秸秆还田利用可增加土壤有机质和速效养分含量，培肥地力，缓解氮、磷、钾比例失调的矛盾，并可改良土壤结构，使土壤体积重量下降，孔隙度增加，更加有利于涵养水分。同时，秸秆还田还为土壤微生物提高了充足的碳源，促进微生物的生长、繁殖，提高土壤的生物活性。秸秆覆盖地面，干旱期可减少土壤水分的地面蒸发量，保持耕田的蓄水量；雨季可缓冲雨水对土壤的侵蚀，抑制杂草生长，改善地-空热交换状况。此外，秸秆还田还可降低病虫害的发病率，减轻土壤盐碱度，增加作物的产量，提高作物的品质，优化农田生态环境。秸秆还田增产的机理主要是养分效应、改良土壤效应和农田环境优化效应。因此，秸秆还田与土壤肥力、环境保护、农田生态环境平衡等密切联系，已成为可持续农业和生态农业的重要内容，具有十分重要的意义。秸秆作为有机肥料还田，利用方法有三种：秸秆直接还田、间接还田（高温堆肥）和利用生化快速腐熟技术制造优质有机肥。

4.2.2.1 秸秆直接还田

秸秆直接还田采用秸秆还田机作业，机械化程度高，工作效率高，秸秆处理时间短，腐烂时间长，质量好，是用机械对秸秆简单处理的方法，适于大面积推广使用。秸秆直接还田又可分为机械直接还田、覆盖栽培还田、机械旋耕翻埋还田三种。机械还田是一项高效低耗、省工、省时的有效措施，易于被农民普遍接受和推广。但是，秸秆机械还田存在两个方面的弱点：一是耗能大，成本高，难于推广；二是山区、丘陵地区田块面积小，机械使用受限。秸秆覆盖栽培还田具有减少土壤水分蒸发，强化降水入渗，减轻土壤流失，抗御土壤风蚀，提高水分利用率；促进植株地上部分生长，缩小昼夜温差，有效缓解气温激变对作物的伤害，抑制田间杂草等覆盖效应；同时还具有改善土壤结构，提高土壤有机质含量，补充氮、磷、钾和微量元素含量，增加土壤微生物数量，激活土壤酶活性，加速土壤中物质的生物循环等培肥效应，是一项简便易行、省工节能、成本低廉的有效措施。

4.2.2.2 秸秆间接还田

秸秆间接还田（高温堆肥）是一种传统的积肥方式，它是利用夏秋高温季节，采用厌氧发酵沤制而成的，其特点是时间长，受环境影响大，劳动强度高，产出值少，成本低廉。包括堆沤腐解还田、烧灰还田、过腹还田、沼渣还田、菇渣还田等。堆沤腐解还田不同于传统堆制沤肥还田，主要是利用快速堆腐剂产生大量纤维素酶，在较短的时间内将各种作物秸秆堆制成有机肥；烧灰还田主要有两种形式：一是作为燃料；二是在田间直接焚烧。田间焚烧不但污染空气、浪费能源、影响飞机升降与公路交通，而且会损失大量有机质和氮素，保留在灰烬中的磷、钾也易被淋湿，同时易引起火灾，应大力提倡作物秸秆田间禁烧；过腹还田是一种效益很高的秸秆利用方式，是秸秆经过青贮、氨化、微贮处理，饲喂畜禽后，以畜粪尿施入土壤。秸秆过腹还田，不但可以缓解发展畜牧业饲料粮短缺的矛盾，增加禽畜产品，还可为农业增加大量的有机肥，培肥地力，降低农业成本，促进农业生态系统良性循环；沼渣还田是将秸秆发酵后产生的沼渣、沼液等优质的有机肥料应用于农业生产过程，这些肥料养分丰富，腐殖酸含量高，肥效缓速兼备，是生产无公害农产品、有机食品的良好选择；菇渣还田是利用作物秸秆培育食用菌，然后再经菇渣还田，使经济、社会、生态效益三者兼得。

4.2.2.3　秸秆生化腐熟快速还田

生化快速腐熟技术是将秸秆制造成优质生物有机肥的先进方法。其原理是：采用先进技术培养能分解粗纤维的优良微生物菌种，生产出可加快秸秆腐熟的化学制剂，并采用现代化设备控制温度、湿度、数量、质量和时间，经机械翻抛、高温堆腐、生物发酵等过程，将农业废物转化为优质有机肥。其特点是：自动化程度高，腐熟周期短，产量高，无环境污染，肥效高。包括催腐剂堆肥、速腐剂堆肥、酵素菌堆肥等方法。

A　催腐剂堆肥

秸秆发酵腐解过程是在微生物的参与繁殖活动下进行的，而微生物的繁殖活动必须有足够的营养才能快速进行，因此，需要施用催腐剂。该项技术简便易行，在玉米、小麦秸秆的堆沤中应用效果很好。

催腐剂是化学与生物技术相结合的科技产品。其原理是根据微生物中的钾细菌、氨化细菌、磷细菌、放线菌等有益微生物的营养要求，以有机物（包括作物秸秆、杂草、生活垃圾等）为培养基，选用适合有益微生物营养要求的化学药品配制成定量 N、P、K、Ca、Mg、Fe、S 等营养的化学制剂，有效改善了有益微生物的生态环境，加速了有机物分解腐烂。使用催腐剂堆腐秸秆可加速天然有益微生物的繁殖，促进粗纤维、粗蛋白等的分解，并释放大量热量，使堆温快速提高，平均堆温可达到 54.4℃。不仅能杀灭秸秆中的致病真菌、虫卵和杂草种子，加速秸秆腐解，提高堆肥质量，而且能定向培养钾细菌、放线菌等有益微生物，增加堆肥中活性有益微生物数量，使堆肥成为高效活性生物有机肥。

B　速腐剂堆肥

秸秆速腐剂是在"301"菌剂的基础上发展起来的，是由多种高效有益微生物和数十种酶类及无机添加剂组成的复合菌剂。将速腐剂加入秸秆中，在有水条件下，菌株能大量分泌纤维酶，在短期内可将秸秆粗纤维分解为葡萄糖，因此施入土壤后可迅速培肥土壤，减轻作物病虫害，刺激作物增产，实现用地养地相结合。

秸秆速腐可按如下步骤进行：

第一步：添加速腐剂。按秸秆重的 2 倍加水，使秸秆湿透，含水率约达 65%，再按秸秆重的 0.1% 加速腐剂，另加 0.5%~0.8% 的尿素调节 C/N 比，也可用 10% 的人畜粪尿代替尿素。

第二步：分层堆沤。秸秆堆沤分三层，第一、二层各厚 60cm，第三层（顶层）厚 30~40cm，速腐剂和尿素用量比自下而上 4∶4∶2 分配，均匀撒入各层，将秸秆堆垛宽 2m，高 1.5m。

第三步：压实密封。秸秆堆好后用铁锹轻轻拍实，就地取泥封堆并加盖农膜，以保水、保温、保肥，防止雨水冲刷。

速腐剂堆肥还田的优点如下：

（1）提高堆肥质量，增强培肥效果。

（2）能杀灭堆肥中的主要致病真菌、虫卵和杂草种子。

（3）堆肥肥分高。

（4）能溶解土壤中被固定的磷钾元素。

（5）堆肥速度快，腐熟质量好，无毒无污染。

（6）不受季节和地域限制、成本低、效果好、简便易行。

C　酵素菌堆肥

酵素菌是由能够产生多种酶的好（兼）氧细菌、酵母菌和霉菌组成的有益微生物群体。其原理是把原材料接菌堆制后，好氧性细菌、霉菌吸收原材料间隙和材料中的氧气，进行生理活动及分解碳水化合物，释放二氧化碳，产生发酵热，进而使堆制的材料进一步分解发酵。在酵母菌的作用下，糖化的碳水化合物形成了酒精。这些物质为放线菌提供了充足的营养，促进了其对纤维质的分解。在及时翻堆、供给充足氧气的条件下，好氧性细菌、霉菌、酵母菌和放线菌快速繁殖，菌量增多，使配料不断分解、发酵及熟化，最终形成优质的堆肥。

堆腐方法是：先将秸秆在堆肥池外喷水湿透，使含水量达到50%~60%，依次将鸡粪均匀铺撒在秸秆上，麸子和红糖（研细）均匀撒到鸡粪上，钙镁磷肥和酵素菌均匀搅拌在一起，再均匀撒在麸子和红糖上面；然后用叉拌匀后，挑入简易堆肥池里，底宽2m左右，堆高1.8~2m，顶部呈圆拱形，顶端用塑料薄膜覆盖，防止雨水淋入。

优质堆肥的标准是培养发酵温度必须升至60~70℃，堆肥变成黄褐色至棕褐色，有光泽；腐熟好的堆肥无氨味、无酸臭味，有点霉味和发酵味最优；用嘴品味，舌头无刺激感为优；手握堆肥配料松软，有弹性感，纤维变脆，轻压便碎。酵素菌秸秆堆肥的优点如下：

（1）含有多种有益微生物和多种酶。

（2）升温快，成肥快，一般2~3天堆内温度即可达70℃，20天左右即可腐熟。

（3）有机质含量高，氮、磷、钾三元素含量均衡。

（4）堆肥过程中可杀死部分病原菌及虫卵和草籽。

（5）促使作物提高产量，改善品质，抗病虫害。

（6）无毒、无污染，能分解化学农药的残留物及毒素。

4.2.3　饲料化利用技术

由于秸秆中的木质素与糖类结合在一起，使得瘤胃中的微生物和酶很难分解这样的糖类；此外，秸秆中的蛋白质含量低和其他必要营养物质的缺乏，导致秸秆饲料不能被动物高效地吸收利用，直接用作饲料往往效果欠佳，需要进一步加工处理。秸秆饲料化利用技术主要有微生物贮存技术、青贮技术、氨化技术和热喷处理技术等。

4.2.3.1　微生物贮存技术

A　微贮作用与机理

秸秆微生物发酵贮存技术是指利用微生物菌剂对秸秆进行厌氧发酵处理的一种方法。该方法有时也简称为"微贮技术"。作物秸秆经收割、晒干、粉碎处理后，按比例加入微生物发酵菌剂、辅料及补充水分，并放入密闭设施中形成厌氧环境，进行发酵。由于生物转化剂分解大量纤维素、半纤维素和部分木质素，并将其转化为易于消化的糖类，因而可提高秸秆的消化效率；同时，由于糖分又经有机酸发酵菌转化为乳酸和挥发性脂肪酸，使原料的 pH 值下降至 4.5~5.0，从而抑制了有害的丁酸菌、腐败菌等的繁殖，有利于秸秆的长时间贮存；此外，秸秆经微贮发酵后，带有酸香味，牲畜喜食，采食量增加。

B　微贮饲料的优点

微贮饲料的优点如下：

（1）成本低，效益高。

（2）消化率高。

（3）适口性好，采食量增加。

（4）原料来源广。

（5）保存期长。

（6）制作季节长，技术简单易掌握。

C　微贮工艺

秸秆微贮工艺流程图如图 4-1 所示。微贮原料必须是清洁的，应选择发育中等以上、无腐烂变质的各种作物秸秆，品种越多越好，至少要选择三种以上的原料，从而可以保证原料之间的营养进行互补。同时，秸秆切断有利于提高微贮窖的利用率，保证微贮饲料的制作质量。

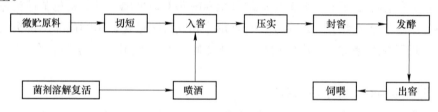

图 4-1　秸秆微贮工艺流程

D　微贮饲料的品质评定

优质秸秆微贮饲料具有醇香味和果香气味，并具有弱酸味。微贮原料中水分过多和高温发酵会造成饲料有强酸味，当压实程度不够和密封不严，有害微生物发酵，会造成饲料有腐臭味、发霉味。详细的微贮饲料的感官鉴定评价见表 4-2。

表 4-2　微贮饲料感官鉴定评价

级别	颜色	气味	质地结构
优质	橄榄绿或金黄色，有光泽	具有醇香和果香气味，并有弱酸味	湿润、松散柔软、不粘手
低等	墨绿色或褐色	有腐臭味、霉味或强酸味	腐烂、发黏、结块或干燥粗硬

4.2.3.2　青贮法

A　青贮作用与机理

秸秆的青贮是将新鲜的秸秆切短或铡碎，装入青贮池或青贮塔内，通过封埋等措施造成厌氧条件，利用厌氧微生物的发酵作用，以提高秸秆的营养价值和消化率的一种方法，这是生物处理法中应用最广泛、操作最简单的方法。制作青贮饲料的主要目的是贮藏生长旺盛期或刚刚收获作物后的青绿秸秆，以供饲料短缺之时的需要，是保证常年均衡供应家畜饲料的有效措施。

秸秆青贮是一个复杂的微生物活动和生物化学变化过程。其实质是将新鲜植物紧实地堆积在不透气的容器中，通过微生物（主要是乳酸菌）的厌氧发酵，使原料中所含的糖分转化为有机酸，主要是乳酸。当乳酸在青贮原料中积累到一定浓度时，就能抑制其他微生物的活动，并制止原料中养分被微生物分解破坏，从而将原料中的养分很好地保存下来。乳酸发酵过程中产生大量热能，当青贮原料温度上升到50℃时，乳酸菌也就停止了活动发酵结束。通过此发酵过程，秸秆的营养成分发生了变化，不易消化的成分变成了易于消化的成分，从而使秸秆的饲料价值和消化率得到了提高。此外，由于青贮原料是在密闭并停止微生物活动的条件下贮存的，因此可以长期保存不变质。

B　青贮秸秆的特点

青贮秸秆的特点如下：

（1）青贮秸秆养分损失少，蛋白质、纤维素保存较多，营养价值比干秸秆的高。

（2）青贮饲料可长期保存，良好的青贮饲料管理得当，可以贮存多年，最长可达20~30年。

（3）青贮可扩大饲料来源，一般农作物秸秆都可以青贮，其中以玉米秸青贮为最多。

（4）青贮饲料可以预防家畜和农作物的病虫害，便于使用各种饲料添加剂。

（5）青贮法技术简单、方便推行。

C　青贮工艺

使青贮原料能够正常发酵，最关键的两点是：青贮原料要有足够的糖分，即必须含有最低需要的含糖量；青贮中保证排尽空气，装填紧密，造成无氧条件。在一定的酸度下，原料中的糖类含量越高，以乳酸菌为主的微生物生长得越好。所以，选用含糖分超过6%的原料可以制成优质青贮，而含糖量低于2%的则制不成优质的青贮。排气是为了造成无氧条件，除制作青贮时压紧外，可加水提高排气成效。装填压紧排除空气，是制作青贮最主要的技术措施。

青贮时，首先要选好青贮原料。在选用青贮原料时，应选用有一定含糖量的秸秆。秸秆的含水量要适中，要求控制在55%~60%为宜，以保证乳酸菌的正常活动。然后，需要对秸秆进行切碎处理，长度以1.5~2cm为宜，切短的主要目的在于装填紧实、取用方便、牲畜易采食；同时，秸秆切短或粉碎后，易使植物细胞渗出汁液，湿润饲料表面，有利于乳酸菌的生长繁殖。切短程度应根据原料性质和牲畜需要来决定。切碎后的秸秆入窖，经压实、密封后贮存。

青贮秸秆容器可采用青贮塔、青贮窖和塑料袋三种形式。青贮塔造价高、容积大、难于压实，新建的动物牛、羊场一般很少采用；而塑料袋青贮仅适用于养殖少量牲畜的养殖户。现在养殖量大的养殖户基本不采用上述两种方法，而是采用青贮窖进行青贮。

青贮塔（窖）内的适宜温度为30℃。要保证其密封压实，否则，青贮原料进入青贮塔（窖）后会保持较强的呼吸，碳水化合物氧化成二氧化碳和水，温度继续升高，易导致青贮秸秆腐败。为防止原料营养损失，提高青贮的饲喂价值，尤其是当青贮数量比较大时，常常在青贮制作过程中加一些青贮添加剂。青贮添加剂主要有三类：

（1）发酵促进剂，促进乳酸菌发酵，达到保鲜贮存的目的。

（2）保护剂，抑制青贮原料中有害微生物的活动，防止青贮原料腐败、霉变，减少养分损失。

（3）添加含氮的营养性物质，提高青贮原料的营养价值，改善青贮原料的适口性。

常用的添加剂有乳酸菌、纤维素酶、营养添加剂、尿素、石灰粉、氨、酱渣等。

秸秆青贮工艺流程如图4-2所示。它包括原料切碎、入窖、压实、密封、贮存等工艺过程。

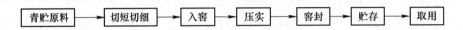

图4-2　秸秆青贮工艺流程

D　青贮饲料的品质评定

青贮饲料品质优劣的评定分为感官评定和实验室评定两种方式。青贮饲料的质量取决于如下三个因素：

（1）饲料的化学成分。

（2）青贮塔（窖）内的空气是否排放干净。

（3）微生物的活动情况。

质量好的青贮饲料手感松散，而且质地柔软湿润，详细的感官评定标准见表4-3。

表4-3　青贮饲料感官评定标准

级别	颜色	气味	质地结构	pH 值
优良	绿色或黄绿色，有光泽	芳香味重，给人舒适感	湿润、松散柔软、不黏手，茎、叶、花能分辨清楚	3.8~4.4
中等	黄色或暗绿色	有刺鼻酒酸味，芳香味淡	柔软、水分多，茎、叶、花能分清	4.5~5.4
低劣	黑色或褐色	有刺鼻的腐败味或霉味	腐烂、发黏、结块或过干，结构分不清，不能做饲料用	5.5~6.0

4.2.3.3　氨化法

A　氨化作用与机理

秸秆氨化处理技术，就是在秸秆中加入一定比例的氨水、无水氨（液氨）、尿素等，在密闭条件下通过它们的作用，破坏木质素与纤维素之间的联系，促使木质素与纤维素、半纤维素分离，使纤维素及半纤维素部分分解、细胞膨胀、结构疏松，从而提高秸秆的消化率、营养价值和适口性的加工处理方法。氨化秸秆的原理分碱化作用、氨化作用、中和作用三个方面。

a　碱化作用

秸秆的主要成分是粗纤维。粗纤维中的纤维素、半纤维素可以被草食牲畜消化利用，木质素基本不能被家畜利用。秸秆中的纤维素和半纤维素有一部分与不能消化的木质素紧紧地结合在一起，阻碍牲畜消化吸收。碱的作用可使木质素和纤维素之间的酯键断裂，打破它们的镶嵌结构，溶解半纤维素和一部分木质素及硅酸盐，纤维素部分水解和膨胀，反刍家畜瘤胃中的瘤胃液易于渗入，消化率提高。

b 氨化作用

氨吸附在秸秆上，增加了秸秆粗蛋白质含量。氨随秸秆进入反刍家畜的瘤胃，微生物利用氨合成微生物蛋白质。尽管瘤胃微生物能利用氨合成蛋白质，但非蛋白氮在瘤胃中分解速度很快，特别是在饲料可发酵能量不足的情况下，不能充分被微生物利用，多余的则被瘤胃壁吸收，有中毒的危险。通过氨化处理秸秆，可减缓氨的释放速度，促进瘤胃微生物的活动，氨进一步提高秸秆的营养价值和消化率。

c 中和作用

氨呈碱性，与秸秆中的有机酸化合，中和了秸秆中的潜在酸度，形成适宜瘤胃微生物活动的微碱性环境。由于瘤胃内微生物大量增加，形成了更多的菌体蛋白，加之纤维素、半纤维素分解可产生低级脂肪酸（乙酸、丙酸、丁酸），可促进乳脂肪、体脂肪的合成。氨盐可改善秸秆的适口性，提高家畜对秸秆的采食量和利用率。

B 氨化秸秆的优点

氨化秸秆的优点如下：

（1）由于氨具有杀灭腐败细菌的作用，氨化可防止饲料腐败，减少家畜疾病的发生。

（2）氨化可以增加被处理秸秆的含氮量，家畜尿液中含氮量的提高，对提高土地肥力有好处。

（3）提高适口性和消化率。

（4）提高秸秆饲料的能量水平，因为氨化可分解纤维素和木质素，可使它们转变为糖类，糖就是一种能量物质。

（5）氨化秸秆饲料制作投资少、成本低、操作简便、经济效益高，并能灭菌、防霉、防鼠、延长饲料保存期。

（6）由于节省了家畜的采食消化时间，从而减少了能量的消耗提高了秸秆单位容积的营养含量，从而有利于家畜发挥生产能力。

C 氨化工艺

各种农作物秸秆都可进行氨化处理。氨化方法应根据因地制宜、就地取材、经济实用的原则确定，主要有堆垛氨化法、氨化池法、氨化炉法、塑料袋氨化法等，其中，使用最多的是堆垛氨化法。

堆垛氨化法是先在干燥向阳平整地上铺一层聚乙烯塑料薄膜，膜厚度约 0.2mm，长宽依堆大小而定，然后在底膜上铺厚 20cm 的秸秆，薄膜周边留出 70cm 左右。铡短的风干秸秆用尿素或碳铵处理时，加入占秸秆总量 40% 的水，尿素用量为 3%~5%，碳铵为 8%~14%，溶解于所需水中，搅到充分溶解。然后边铺秸秆边洒溶解液边踩实，直到垛顶，最后覆盖塑料罩膜，并使四边留有 70cm 左右的条边，将罩膜和底膜的余边折叠在一起，从边缘向里卷起，用土压紧、封严，不使其漏气，经过 7~15 天后饲喂。

氨化的要求是：物料含水率 25%~40%，湿度不够，需用喷洒或浸湿方法补充水分，并且物料最好成捆铺放整齐且压实；氨化的适宜温度为 0~35℃；堆垛场地应选择在交通方便、向阳、背风及排水良好的地方；氨化剂最好使用氨水或无水氨，无水氨（液氨）是最为经济的氨源。堆垛法氨化秸秆工艺流程如图 4-3 所示。

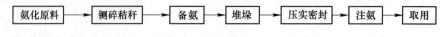

图 4-3　堆垛法氨化秸秆工艺流程

D　氨化效果评定

氨化秸秆饲料质量感官法评定标准见表 4-4。

表 4-4　氨化秸秆饲料质量感官法评定标准

评定内容	氨化秸秆饲料质量			
	氨化好	未氨化好	霉变	腐烂
颜色	新鲜秸秆呈深黄或黄褐色，发亮，颜色越深质量越好；陈年秸秆呈褐色或灰色	颜色与氨化前相同	呈白色，或发黑，有霉点	呈深红色或酱色
气味	开封时有强烈氨味，放氨后有糊香或酸面包味	无氨味，与原秸秆味无大差别	有强烈发霉味	有霉烂味
质地	柔软、松散，放氨后干燥	与原秸秆一样，仍较坚硬	变得糟损，有时发黏	发黏，出现酱块状
温度	手插入时温度不高	手插入时温度不高	手插入时有发热感	手插入时有发热感

4.2.3.4　热喷处理

A　热喷作用与机理

热喷处理就是将铡碎成约 8cm 长的农作物秸秆，混入饼粕、鸡粪等，装入饲料热喷机内，在一定压力的热饱和蒸汽下，保持一定时间，然后突然降压，使物料从机内喷爆而出，从而改变其结构和某些化学成分，并消毒、除臭，使物料可食性和营养价值得以提高的一种热压力加工工艺。

B　热喷饲料的优点

热喷饲料的优点如下：

（1）通过连续的热效应和机械效应，消除了非常规饲料的消化障碍因素，使表面角质层和硅细胞的覆盖基本消除，纤维素结晶低，有利于微生物的繁殖和发酵。

（2）由于细胞的游离，饲料颗粒变小，密度增大，总体积变小而总表面积增加。经热喷处理的秸秆饲料可提高其采食量和利用率。

（3）通过利用尿素等多种非蛋白氮作为热喷秸秆添加剂，可提高粗蛋白水平，降低氨在瘤胃中的释放速度。

（4）热喷装置还可以对菜籽饼、棉籽饼等进行脱毒，对鸡、鸭、牛粪等进行去臭、灭菌处理，使之成为蛋白质饲料。

（5）该法既便于工厂机械化规模处理各类秸秆，还能将其他林木副产品及畜禽粪便处理转化为优质饲料，并能通过成型机把处理后的饲料加工成颗粒、小块及砖型等多种成型饲料，既便于运输，饲喂起来也经济、卫生。

C 热喷工艺

秸秆饲料热喷技术是由特殊的热喷装置完成的。热喷设备包括热喷主机和辅助设备两大部分，热喷主机由蒸汽锅炉和压力罐组成。蒸汽锅炉提供中低压蒸汽，压力罐是一个密闭受压容器，是对秸秆原料进行热蒸汽处理并施行喷放的专用设备。辅助设备由切碎机、贮料仓、传送带、泄力罐及其他设备等组成。热喷装置的构造如图4-4所示。

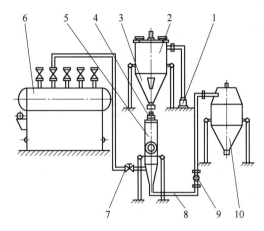

图 4-4 热喷装置的构造示意图

1—铡草机；2—贮料罐；3—进料漏斗；4—进料阀；5—压力罐；
6—锅炉；7—供气阀；8—排气管；9—排料阀；10—泄力罐

原料经铡草机切碎，进入贮料罐内，经进料漏斗，被分批装入安装在地下的压力罐内，将其密封后通入 0.5~1.0MPa 的蒸汽（蒸汽由锅炉提供，进气量和罐内压力由进气阀控制），维持一定时间（1~30min）后，由排料阀减压喷放，秸秆经排料阀进入泄力罐。喷放出的秸秆可直接饲喂牲畜或压制成型贮运，秸秆热喷工艺流程如图4-5所示。

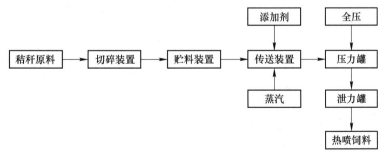

图 4-5 秸秆热喷工艺流程图

D 热喷饲料的品质评定

热喷饲料的品质评定分为感观鉴别法和化学分析法。

a 感观鉴别法

秸秆在高温高压条件下经骤然减压过程的处理，一般都具有色泽鲜亮，气味芳香，质地蓬松，适口性好，易于消化吸收的特点，具有以上特点的产品可以认为是优质产品。

　　b　化学分析法

　　化学分析可以进行化学组成成分的分析和秸秆微细胞结构的分析，如粗蛋白含量、粗纤维含量、细胞壁的疏松度、空隙度等项目的测定。有条件的还可以进行色谱分析，观察其结构性多糖降解产物的增减变化，分析溶解木质素、半纤维素程度的强弱。如果以上指标比未处理秸秆提高 20%~40%，可以认为是优质产品。

4.2.4　气化技术和气化设备

　　气化是指含碳物质在有限供氧条件下产生可燃气体的热化学转化。植物纤维性废物由 C、H、O 等元素和灰分组成，当它们被点燃时，供应少量空气，并且采取措施控制其反应过程，使其变成 CO、CH_4、H_2 等可燃气体，生物质中大部分能量都被转化到气体中。气化后的可燃气体可作为锅炉燃料与煤混燃，也可作为管道气为城乡居民集中供气；将气化后的可燃气经过净化除尘与内燃机连用，可取代汽油或柴油，实现能量系统的高效利用；气化后的可燃气还可进行气化发电，该技术可以在较小规模实现较高的利用率，并能提高能源的档次。

　　在植物纤维性废物气化反应器方面，目前主要有固体床反应器（又分为上吸式和下吸式两种）、流化床反应器和气流（旋风）床反应器三种。气化的工作介质有空气、氧气、空气或水蒸气、氧气或水蒸气等。下面介绍几种常用的气化炉的结构和性能特点。

4.2.4.1　上吸式气化炉

　　上吸式气化炉的气-固呈逆向流动，运行过程中，湿物料从顶部加入后，被上升的热气流干燥而将水蒸气排出；干燥了的原料下降时被热气流加热而发生热分解，释放出挥发组分；剩余的炭继续下降，并与上升的 CO_2 及水蒸气发生反应，CO_2 及水蒸气被还原为 CO 和 H_2 等；最后的灰渣从底部排出。上吸式气化炉的结构和反应过程如图 4-6 和图 4-7 所示。

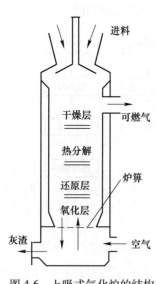

图 4-6　上吸式气化炉的结构

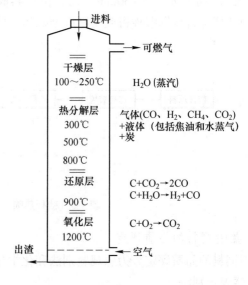

图 4-7　上吸式气化炉的反应过程

4.2.4.2 改进的上吸式气化炉

改进的上吸式气化炉克服了上吸式气化炉的缺点，将干燥区和热分解区分开（图4-8）。原料中的水分蒸发后随空气进入炉内参加还原反应，不再混入产品气中，提高了产品气中 H_2 和碳氢化合物的含量。

4.2.4.3 下吸式气化炉

在下吸式气化炉内气体与固体顺向流动，物料由上部储料仓向下移动，边移动边进行干燥与热分解的过程，其结构如图4-9所示。空气由喷嘴进入，与下移的物料发生燃烧反应；生成的气体与炭一起同向流动，使焦油裂解并同时进行还原反应。

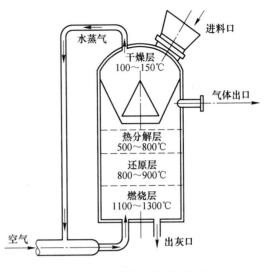

图 4-8 改进的上吸式气化炉

4.2.4.4 层式下吸式气化炉

层式下吸式气化炉的特点是敞口，其结构和工作过程如图 4-10 所示。炉顶不需要加盖密封，加料操作简单，容易实现连续加料；炉身为直筒状，结构简单。在层式下吸式气化炉的运行过程中，空气从敞口的顶部均匀地流经反应区的整个截面，因此，沿反应床截面的温度分布均匀；氧化与热分解在同一区域内同时进行，这个区是整个反应过程的最高温度区，所以气体中焦油含量较低，有利于减轻后续净化处理的负担。层式下吸式气化炉适于在负压下运行。

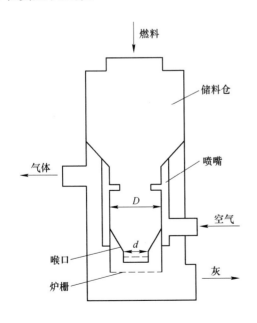

图 4-9 下吸式气化炉结构

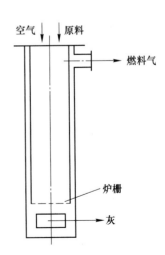

图 4-10 层式下吸式气化炉结构和工作过程

4.2.4.5　循环流化床气化炉

气化过程由燃烧、还原及热分解 3 个过程组成。热分解是气化过程中最主要的一个反应过程，大约有 70%~75% 的原料在热分解过程中转换为燃料气体，有 25%~30% 左右的炭剩余。在 3 个反应过程中，热分解过程最快，燃烧反应其次，还原反应需要的时间最长。循环流化床气化炉结构简图如图 4-11 所示。循环流化床能够快速加热、快速热分解，且保持炭的长时间停留，是一种理想的气化反应器。

4.2.5　固化、炭化技术

固化、炭化技术是将松散的植物纤维性废物原料压制成棒（块）状，放入炭化设备中炭化后制成生物质炭的过程。

4.2.5.1　固化技术

秸秆质地疏松，能量密度小，给贮存、运输和使用都带来许多不便。固化技术就是将秸秆粉碎，用机械的方法在一定的压力下挤压成型。这种技术能提高能源密度，改善燃烧特性，实现优质能源转化。秸秆的加压成型就是对秸秆加热，以木质素为

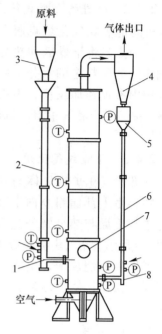

图 4-11　循环流化床系统示意图

1, 8—L 阀；2—下料直管；3—原料缓冲罐；
4—旋风分离器；5—炭受槽；6—循环管；
7—气化炉；P—测压点；T—测温点

胶黏剂，以纤维素、半纤维素为骨架，在一定的温度和压力下把碎散的秸秆制成所需规格型体的过程。压缩燃料成型机的工作关键参数是温度和压力。成型所需的温度应能使秸秆中的木质素塑化成胶黏剂，促使秸秆分子结构发生变化，并使秸秆被压成型，外表面炭化，通过模具时能滑动而不会粘连。温度选择过低，成型物中的木质素未能塑化变黏，物料不能黏接成型；温度过高，则会使成型物体表面出现裂纹，严重时会出现成型物出模具后就开散，造成成型失败。成型所需的压力是使秸秆的物相结构发生改变，加固分子之间的凝聚力，提高成型体的强度和刚度，并使秸秆获得通过模具的动力。成型时施加的压力选用过小，则成型物不能黏接，还会不足以克服摩擦阻力，无法成型；施加压力过高，则会使成型物在模具内滞回时间减少，物料升温不足，仍然不能成型。因此，温度和压力参数值选的过高过低都会导致成型失败。成型时所需要的温度和压力参数，要根据实际情况通过试验优化确定。

4.2.5.2　炭化技术

炭化技术就是利用炭化炉将生物质压块进一步加工处理，生产出可供烧烤等使用的木炭。固体成型燃料具有易着火、使用方便、燃烧效率高等特点，而且造成的环境污染相对较小，因此被称为"生物煤"。

4.2.6　制备生产原料技术

植物纤维是地球上巨大的再生性生物高分子资源。大力研究和开发植物纤维性废物制

备生产原料是当前提高环境保护技术的重要内容，是保护环境和开发环境友好的绿色产品的一个长远发展方向具有现实与深远的重要意义。下面介绍利用植物纤维性废物制备生产原料的几种技术方法。

4.2.6.1 膨化改性植物纤维技术

目前，在植物纤维改性深度加工方面，主要采用水解、酶解、软化、菌解、膨化五种技术方法。水解、酶解、软化、菌解等法的共同特点是投资大、工艺复杂、成本高，在生产过程中还会排出酸、碱、有机废水等，并且植物纤维分解利用的程度低。而利用膨化改性技术生产的改性植物纤维，具有组织结构疏松，分子量小，可塑性好，热成型产品强度高，产品表面光滑，有害成分少等优点。同时具有加工成本低，加工机械化程度高，劳动强度小，无"三废"污染，经济效益高等特点，可促进相关产业的迅速发展。作为生产原料，可以广泛地用于石油钻探（钻井液用植物改性纤维油气层保护暂堵剂）、化工（改性纤维吸附剂）、材料（一次性餐具材料、家具材料）、造纸（原料膨化处理）、园艺绿化材料等生产加工领域。

A 膨化原理

采用高性能电磁感应加热改性植物纤维膨化机（图 4-12），加入 3%~5% 碳酸盐类助膨化剂，在进料温度控制在 80~110℃、出料温度为 250~300℃ 的条件下，调整植物纤维原料含水率为 25%，pH 值为 7~8，并配套相应的预处理（如粉碎等）和后处理（如分级过筛等），实现了植物纤维的规模化、工业化膨化改性生产。主要工艺流程如图 4-13 所示。

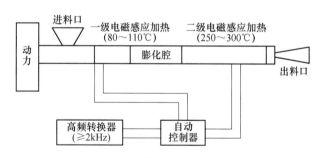

图 4-12 膨化机设备结构示意图

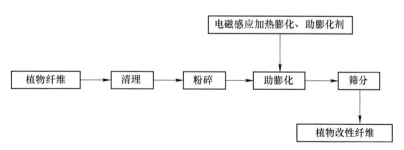

图 4-13 植物纤维高效膨化工艺流程

B 技术应用

a 利用改性植物纤维研发钻井液用油气层保护暂堵剂

利用助膨化加工得到的不规则形状和长短级配的多种裂解改性植物纤维初级产品，再配合以刚性粒子、变形粒子等，制成钻井液用油气层保护暂堵剂。由于裂解的植物纤维不溶于水，有利于在封堵中形成纤维网，架桥的刚性粒子具有不同粒径的骨架支撑；变形粒子能进行有效填充，当封堵剂和泥浆中的胶体颗粒进入地层时，在井壁周围迅速形成薄且致密的屏蔽环，保护油气层，在测试或开采时，降低井筒内液柱压力，形成负压差，可自动解堵。同时，改性植物纤维快速封堵剂随钻加入泥浆，不会被振动筛筛出，对下部地层有防漏作用，而且具有对环境无残留危害的绿色环保特性。生产钻井液用油气层保护暂堵剂工艺流程如图 4-14 所示。

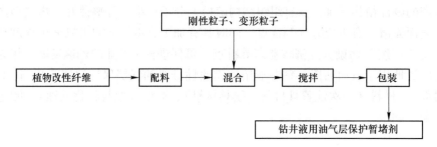

图 4-14　生产钻井液用油气层保护暂堵剂工艺流程

b　利用改性植物纤维开发吸附剂

助膨化加工得到的植物改性纤维，具有纤维含量高，表面呈微孔状，半纤维素、木素等填充在微孔网络中，SiO_2 等网络点暴露等特点，是一种理想的吸附剂制备原料。将助膨化改性后的植物纤维经活化处理，制成改性纤维系列吸附剂，这种吸附剂具有较高吸附率和较强吸附能力。改性植物纤维吸附剂的开发既进一步扩大了秸秆改性纤维资源化利用的范围，又开发了一条新型吸附剂研发应用的有效技术途径。生产改性植物纤维吸附剂工艺流程如图 4-15 所示。

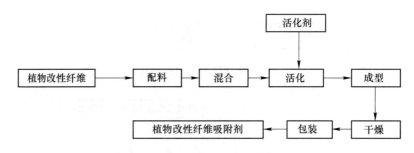

图 4-15　生产改性植物纤维吸附剂工艺流程

c　改性植物纤维、木素的高效分离与应用

将助膨化改性后的植物纤维原料与专用有机溶剂、催化剂等经机械密闭混合后，密闭回流浸渍，使有机溶剂渗透进植物纤维原料细胞间隙和细胞内，分离、水解或溶解木素，混合浆料经压（过）滤，分离出高纯纤维，滤液经密闭浓缩分离出高纯木素，有机溶剂回收再利用。改性植物纤维、木素分离的工艺流程如图 4-16 所示。

4.2.6.2　制备阳离子交换树脂吸附重金属离子技术

工业废水中的重金属毒物主要指铬、铅、镉、锌、钴、铜等重金属离子。这些重金

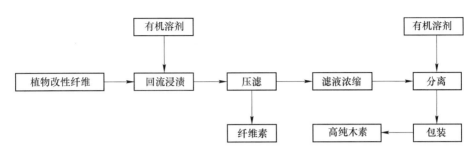

图 4-16 改性植物纤维、木素分离的工艺流程

属离子排入江河湖海，将会使水体受到污染，严重危害人体健康及渔业和农业的生产，所以，转化、回收废水中的重金属离子十分重要。近年来，为了环境保护和节约成本的需要，对利用植物纤维性废物制备阳离子交换树脂吸附重金属离子技术的研究越来越多。目前研究使用的植物纤维性废物包括制糖甜菜废丝、甘蔗渣、稻草、大豆壳、花生皮、玉米芯等。这些原料的天然交换能力和吸收特性来自于组成它们的聚合物：纤维素、半纤维素、果胶、木素和蛋白质。这些聚合物的巯基、氨基、邻醌和邻酚羟基是结合重金属离子活性部位，通过共聚和交联作用等化学改性方法，可以提高其对重金属的结合能力。

4.2.6.3 制备食用菌培养技术

利用植物纤维性废物如农作物秸秆、棉籽皮、树枝叶等，按一定比例粉碎混合，可用来栽培食用菌，栽培效果好，营养价值高。食用菌一般是真菌中能形成大型子实体或菌核类组织并能提供食用的种类，绝大部分属于担子菌，极小部分属于囊菌，其中较大面积栽培的有 20 多种。

4.2.7 制备复合材料技术

利用植物纤维性废物可生产纸板、人造纤维板、轻质建材板等包装和建筑装饰复合材料。如以硅酸盐水泥为基体材料，玉米秆、麦秆等农业废物（经表面处理剂处理后）作为增强材料，再加入粉煤灰等填充料后可制成植物纤维水泥复合板，产品成本低，保温、隔声性能好；以石膏为基体材料，植物纤维性废物为增强材料，可生产出植物纤维增强石膏板，产品具有吸声、隔热、透气等特性，是一种较好的装饰材料；另外，以秸秆、稻壳、甘蔗渣等植物纤维性废物为原料，通过粉碎，加入适量无毒成型剂、黏合剂、耐水剂和填充料等助剂，经搅拌捏合后成型制成可降解餐具，以替代一次性泡沫塑料餐具。利用植物纤维性废物生产复合材料，具有良好的应用前景。

4.2.8 制取化学品技术

以植物纤维性废物为原料制取化学制品，也是综合利用农业废物、提高其附加值的有效方法。如甘蔗渣、玉米芯、稻壳等含有 1/4～1/3 的多缩戊糖，经水解可制得木糖；稻壳、麦秸、高粱秆、玉米皮和豆荚可制得淀粉；稻壳可作为生产白炭黑、活性炭的原料；用甘蔗渣、玉米渣皮等可以制取膳食纤维。另外，以植物纤维性废物为原料还可制取草酸、酒精等。

4.3　畜禽粪便资源化利用技术

4.3.1　畜禽粪便资源与特点

畜禽粪便资源总量巨大。据资料显示，全世界家畜数量有 39 亿，每年排粪便以百亿吨计。我国畜禽粪便产生量也很大，1999 年产生总量约为 19 亿吨，2000 年产生量超过 25 亿吨，远远超过我国工业废水和生活废水的排放量的总和。畜禽粪便作为总量巨大的资源，其特点如下：

（1）富含的营养资源化潜力大。畜禽粪便中含有大量畜禽日粮中没有被转化的有机质，以及氮、磷、钾等营养元素。由于大量添加钙、磷等矿物元素以及铜、铁、锌、锰、钴、硒和碘等微量元素，未被吸收的过量矿物元素又从畜禽粪便中排出。因此，畜禽粪便所含营养丰富。

（2）不同畜禽的粪便成分差异大。不同畜禽种类粪便的成分有较大差异。常见的畜禽种类中，鸡粪的有机质含量最丰富，而猪粪的有机质含量最低，牛粪的含水率最高。另外，由于不同畜禽饲养方式的差异更直接加剧了这种差异的程度。因此，应该根据饲养畜禽的种类不同而采用适宜的资源化技术和相应的污染防治措施。

（3）不同畜禽的粪便量差异大。我国的畜禽养殖主要有猪、牛、马、羊、驴、骡、鸡、鹅、鸭等种类，此外还有少量的鹿、兔、狐狸、狗、鸵鸟、鸽等特种养殖种类。不同种类畜禽个体产生粪便量的差异较大。畜禽粪便排泄系数的大小顺序为：牛>猪>羊>鸭和鹅>鸡。

（4）粪便量分布不均匀。我国养殖业过去是以农家畜牧分散养殖为主，而现在规模化和集约化的商品养殖生产已占主要地位。养殖业在地域上存在分布不均匀的特点，大中型养殖场主要分布在人口密集的沿海一带，进一步加重了这些较发达地区环境污染的程度。

（5）距居民生活区近。我国许多规模化畜禽养殖场地处城郊，30%~40%的规模化养殖场距离居民或水源地最近距离不超过 150m，对居民生活有影响。

4.3.2　粪便肥料化技术

随着集约化畜禽养殖的发展，畜禽粪便也日趋集中，在一些地区兴建了一批畜禽有机化肥生产厂。采用的方法有堆肥法、快速烘干法、微波法、膨化法、充氧动态发酵法。经过减量化无害化处理后，制成优质的有机肥，用于无公害、绿色食品的生产。

堆肥是将畜粪和垫草、秸秆、稻壳等固体有机废物按一定比例堆积起来，调节堆肥物料中的碳、氮比，控制适当水分、温度、氧气与酸碱度，在微生物的作用下，进行生物化学反应而将废物中复杂的不稳定的有机成分加以分解，并转换为简单的稳定的有机物质成分。随着堆肥温度的升高而杀灭堆肥物料中的病原菌、虫卵和蛆蛹，处理后的物料作为一种优质有机肥料。好的堆肥对改善土壤结构、培肥地力起到重要的作用。利用堆肥方法不但能处理畜禽粪便，也能处理其他有机废物，是一种集废物处理和资源循环再生利用于一体的好方法。

新鲜或未腐熟畜禽粪便如果直接长期施用于土壤会引起不良后果，如土壤氮磷营养化、产生有机酸或土壤还原性物质阻碍农作物的生长、粪便中含有的有害微生物污染水源、传播疾病等。因此，堆肥化过程中应让有机物充分腐熟，杀死其中的有害微生物，使它转变为安全、稳定的高品质有机质肥料。

4.3.2.1 堆肥过程中关键因素及指标控制

A 微生物菌种

微生物起着有机物分解与堆肥稳定化的重要作用。不同的堆积材料如果能接种适当的微生物菌种，可以加速堆肥发酵，缩短堆肥化的周期。高效率的堆肥化技术，是维持和保证微生物最适宜的生长条件，使微生物能够充分生长和繁殖。

B 调整碳氮比

堆肥化过程中，微生物需要碳元素用作生命活动的能量来源，同时也需氮元素来维持生命及构成细胞的有机组成。研究表明：堆肥过程中适合于微生物的碳氮比为 20：1 ~ 30：1，碳氮比太高时，会因氮素缺乏，致使微生物无法大量繁殖，堆肥化过程进行得相当缓慢；如果碳氮比太低，微生物分解出过多的氨容易从堆肥中挥发出来，导致氮元素损失。

C pH 值

堆肥的微生物一般嗜微碱性，pH 值为 7.0 ~ 8.0。通常堆肥的 pH 值不容易由外来普通堆积物而改变，在发酵初期如果堆积材料的 pH 值过高，则容易导致氨的挥发，并造成氮元素的损失。当堆肥完全腐熟时其 pH 值会呈近中性或微碱性。贮藏时间久而 pH 值降低时，可用石灰调整。

D 温度

温度反映了堆积材料中某些微生物的活动情况。一般堆肥化过程基本上可划分成高温期（60℃以上）、中温期（50 ~ 60℃）及低温期（50℃以下）。首先作用的是嗜温与耐高温的微生物，然后是嗜中温微生物，之后随堆肥逐渐腐熟，温度呈下降至恒温的低温期。

E 含水率

堆肥的影响因素中，对有机物腐烂分解影响最大的是水分，堆肥发酵的最适含水率为 60% ~ 65%，含水量影响堆肥的生物和化学反应，是堆肥好坏的一个重要指标。水分太多，抑制气体交换，容易造成堆肥厌氧或兼性厌氧的环境，不利于好氧发酵；水分太少，又会抑制微生物繁殖，不利于堆肥的腐熟。所以，保持堆肥适当的水分，是堆肥中最关键的技术要领。调整水分常见方法有四种：

（1）添加稻壳、木屑或甘蔗渣等当地容易获得的农副产品。

（2）添加已发酵的堆肥。

（3）干燥。

（4）机械脱水。

F 通气

堆肥化作用以好氧性分解较佳，充分供给氧气为基本条件。氧气可依靠翻堆或打气方法进入堆积物之中，形成好氧状态。氧气的需求量，依据有机废物性质、水分含量、温度、微生物群落大小和类别等不同而有差别。

G　腐熟度

堆肥腐熟程度的高低将影响施用堆肥的安全性和经济效益，有关堆肥腐熟度可以用若干物理指标及化学成分分析法作为判断的依据。

H　混合均匀

为了保证堆肥的品质一致，应尽量混合均匀。

4.3.2.2　堆肥化设备

对微生物而言，堆肥化设备是为其提供生长的环境。最主要的控制因子是通气状况，由机械设施使微生物维持在好氧状态下，以提高堆肥化效率，使生产过程更为经济有效。若将堆肥化设施视为一个生产单元，则其操作过程包括进料及出料方式、物料停留时间、停留时间内堆制物料理化性质的变化是影响物料变化的因素等。

堆肥化设施大致可分为传统式（野积式）、通气静堆式及槽式三类，前二者的区别在于堆肥化过程空气提供的方式不同，野积式主要由堆积体的表面或人工翻堆来提供好氧微生物所需的氧气，其效率较低；而通气静堆式则是由通气系统和翻堆机械强制性地提供氧气；槽式是一种堆肥化设备，堆肥化过程的操作过程（进出料的方式、通气量等）由设备组件来控制，可算是半自动化生产设备（因整个生产流程尚需包括前段物料调整及后续腐熟等过程）。

4.3.2.3　堆肥的品质鉴定

有机质肥料因其材料来源和种类差异，品质参差不齐。我国内地到目前为止，对堆肥尚未制定明确的堆肥标准，但国外及我国台湾地区已有标准。表4-5所示为中国台湾的堆肥鉴定标准。

表4-5　中国台湾堆肥鉴定标准

品名	保证成分	有害成分最高含量/mg·kg^{-1}	其他规定事项
一般堆肥	氮0.6%、磷酐0.3%、氧化钾0.3%、有机质（干重）60%	铜0.01 锌0.08	水分35%以下，沼渣堆肥40%以下，须经腐熟发酵
蛋鸡粪堆肥	氮2.0%、磷酐2.0%、氧化钾1.0%、有机质（干重）40%	铜0.01 锌0.08	水分35%以下，须经腐熟发酵
混合有机肥料	氮及磷酐，或氮及氧化钾含量合计6.0%。氮、磷酐、氧化钾1.0%	镉0.00008 砷0.01	固态有机质40%以上，水分35%以下
树皮堆肥	碳量40%~50%，碳氮比（20~40）：1，阳离子交换容量60mmol/100g		电导度4.0mΩ/cm以下，水分40%以下

4.3.3　粪便饲料化技术

畜禽粪便被用作饲料，即粪便资源的饲料化，是畜禽粪便综合利用的重要途径。畜禽粪便中含有未消化的粗蛋白、消化蛋白、粗纤维、粗脂肪和矿物质，可作为饲料来利用。畜禽粪便经过适当的处理后可杀死其中的病原菌，便于运输、贮存、改善适口性，提高蛋白质的消化率和代谢能。

畜禽粪便饲料化的方法，主要有干燥法、青贮法（无氧发酵法）、有氧发酵法和分离法。

4.3.3.1 干燥法

干燥法是饲料化的常用处理方法，尤以鸡粪处理用得最多。干燥法按照是否加入人为动力可分为：自然干燥法和人工干燥法。

4.3.3.2 青贮法

青贮发酵是一种简便易行且经济效益较高的固体有机废物的处理方法。联合国粮农组织认为，青贮是很成熟的畜禽粪便加工方法，可防止粗蛋白的损失，杀灭几乎所有的有害微生物。畜禽粪便青贮饲料，是把畜禽粪便单独或与其他青绿饲料（秸秆、蔬菜等）采用青贮技术保存饲料中主要营养成分的一类饲料。其主要原理是利用畜禽粪便和青绿饲料厌氧发酵过程中产生的大量乳酸菌，降低饲料酸碱度，抑制或杀死青贮材料中的其他微生物繁殖，从而达到保存饲料营养成分的目的。可以平衡全年的饲料供应。

4.3.3.3 有氧发酵

有氧发酵方法投资少、改变了粪便本身的许多特点，产品适合于作动物的饲料。在处理过程中，需要充气、加热、产品干燥，所以消耗大量的能源。

4.3.3.4 分离法

目前，许多牧场采用冲洗式的清洗系统（尤其是猪场），收集的粪便大多是液体或半液体。若采用干燥法、青贮法处理粪便，消耗能源过大，造成资源的浪费。采用分离法，就是选用一定的冲洗速度，筛选，将畜禽粪便中固体和液体部分分离开，可以获得满意结果。

4.3.4 畜禽粪便燃料化技术

目前，国内外的畜禽粪便燃料化途径主要有直接焚烧法和沼气处理法两种。

直接焚烧法是废物热处理中最重要的方法，它是使可燃性废物在高温下与氧气发生反应，将废物转变成气体，同时可以利用燃烧产生的热量进行发电。

沼气法处理畜禽粪便的原理是利用受控的厌氧细菌的分解作用，将有机物（碳水化合物、蛋白质和脂肪）经过厌氧消化作用转化为沼气和二氧化碳。沼气法是一种多功能的生物技术，能够建造良性的生态环境，治理污染，开发新能源，并为农户提供优质无害化的肥料，取得综合效益。沼气法不但适于畜禽的工厂化大规模生产，而且对于家庭的小规模养殖也非常有效。

沼气法的处理系统主要由前处理系统、厌氧消化系统、沼气输配及利用系统、有机肥生产系统、后消化液处理系统组成。根据目的不同可分为生态型和环保型两种。

4.3.4.1 生态型

生态型的工艺流程如图 4-17 所示。

生态型工艺的特点为：

（1）畜禽粪便污水可全部进入处理系统。

（2）厌氧工艺可采用全混合厌氧池、厌氧接触反应器（ACR）、升流式污泥床反应器（UASB）。

（3）沼气利用方式为小规模集中管网供气。

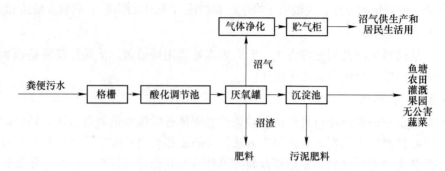

图 4-17　生态型模式工艺流程

（4）沼液、沼渣进行综合利用，建立以沼气为纽带的良性循环生态系统，提高沼气工程的综合效益。

（5）工艺简单，管理、操作方便，但工艺处理单元的效率不高。

（6）沼气获得量高，但处理后的沼渣浓度仍很高，就地消化综合利用时配套所占用的土地面积大。

（7）工程投资少，运行费用低，投资回收期较短。

生态型工艺的使用条件为：

（1）日处理粪便污水量 50m^3 以下。

（2）养殖场周围有较大规模的鱼塘、农田、果园和蔬菜地供沼液、沼渣的综合利用。

（3）沼气用户距养殖场距离小于 2km。

4.3.4.2　环保型

环保型的工艺流程如图 4-18 所示。

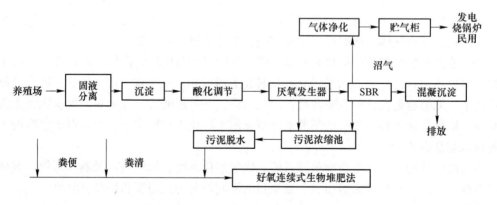

图 4-18　环保型模式工艺流程

环保型工艺的特点为：

（1）养殖场必须实行严格清洁生产、干湿分离，畜禽粪便直接用于生产有机肥料，只有畜禽舍冲洗污水和尿进入处理系统。

（2）污水必须先进行预处理，强化固液分离、沉淀，严格控制 $BOD_5 < 5000mg/L$。

（3）厌氧工艺可采用 USAB。

（4）好氧处理工艺采用 SBR 反应器，在去除 COD 物质的同时，具有脱氮除磷的效果。

（5）混凝沉淀出水能达到《污水综合排放标准》的二级排放标准，出水经消毒处理后可作农田、果园和绿化灌溉用水。

（6）厌氧、好氧产生的污泥，经浓缩、机械脱水压成含水率为 75%~80% 的泥饼，可用于制作有机肥或作为菌种出售。

（7）沼气利用方式为用作发电、燃烧锅炉或进行肥料烘干。

（8）有机肥的生产应优先采用好氧连续式生物堆肥工艺。

（9）沼气回收与污水达标、环境治理结合得较好，适用范围广。

（10）工艺处理单元的效率高，工程规范化管理操作自动化水平高。但管理、操作技术要求高，工程投资较大，运行费用相对较高。

（11）对 COD、NH_3-N 的去除率高，出水能达标排放。

（12）有机肥料开发充分，资源得到综合利用。

（13）对周围环境影响小，没有二次污染。

环保型工艺的使用条件为：

（1）日处理粪便污水量 50~1500m^3，甚至更大的养殖场。

（2）污水排放要求高的地区，如城市近郊的养殖场、饮用水源区域等。

4.4 塑料地膜的资源化利用技术

我国的农用地膜发展极为迅猛，产量和覆盖面积已跃居世界第一，被称为继化肥、种子之后农业上的第三次革命，也称"白色革命"。塑料是一种高分子材料，它具有不易腐烂、难于消解性能，使用过的农膜由于开裂、破碎会被埋进土壤中，完全降解约需200~400 年。土壤中残膜量的不断增加，会阻碍作物根系的发育及对水分、养分的吸收，使土壤的透气性降低，这就是通常说的"白色污染"。

4.4.1 废塑料地膜污染特征分析

4.4.1.1 白色污染

大量的废旧农用薄膜、包装用塑料膜、塑料袋和一次性塑料餐具（以下统称为塑料包装物）在使用后被抛弃在环境中，给景观和生态环境带来很大破坏。由于废旧塑料包装物大多呈白色，因此造成的环境污染被称为"白色污染"。塑料棚膜比较容易回收，因此，造成塑料农膜污染的主要来源是塑料地膜。在收获植物后，使用过的塑料地膜应该及时捡拾清除，否则留在农田里会造成污染。少量的残留塑料地膜虽不至于对作物生长造成危害，但是其留在农田中，或随风飞扬，也会造成视觉污染。有的残膜如被牲畜误食，严重时会造成牲畜死亡。

4.4.1.2 白色污染的危害

A 危害农田生态系统

白色污染危害农田生态系统主要表现在以下 3 个方面：

（1）影响农田土壤的物理性状。

（2）影响农作物的长势。

（3）影响农作物的产量。

B　造成化学污染

农用塑料膜是聚乙烯化合物，在生产过程中需加 40% ~ 60% 的增塑剂，即邻苯甲酸二异丁酯，其化学性能对植物的生长发育毒性很大，特别是对蔬菜毒性更大。

C　危害动物健康

残留地膜碎片会随农作物的秸秆和饲料进入农家，牛羊等家畜误食残膜碎片后，可导致胃肠功能失调，膘情下降，严重时会引起厌食和进食困难，甚至导致死亡。

4.4.2　焚烧回收热能技术

废旧塑料地膜的热能利用，是指将其作为燃料，通过控制燃烧温度，充分利用废旧塑料地膜焚烧时放出的热量。

4.4.2.1　焚烧废旧塑料地膜的方式

现行的焚烧废旧塑料地膜的方式主要有 3 种：

（1）使用专用焚烧炉焚烧废旧塑料地膜回收利用能量法。这种方法使用的专用焚烧炉有流化床式焚烧炉、浮游焚烧炉、转炉式焚烧炉等。

（2）作为补充燃料与生产蒸汽的其他燃料掺用法。应用此法热电厂可将农用塑料废物作为补充燃料使用。

（3）通过氢化作用或无氧分解，转化成可燃气体或可燃物再生热法。这既是一种能量回收方法，又属于农用塑料废物在特殊条件下的分解。

4.4.2.2　废旧塑料地膜的能量回收

废旧塑料地膜的能量回收是通过对它在焚烧炉内焚烧时释放热能的有效利用来达到回收目的的方法。废旧塑料地膜能量回收工艺过程大致如图 4-19 所示。

图 4-19　废旧塑料地膜能量回收工艺

这种将废旧塑料地膜焚烧转化为热能的方法具有明显的优点：

（1）不需复杂预处理，也不需与生活垃圾分离，特别适用于难以分拣的混杂型塑料制品。

（2）废旧塑料地膜的产热量几乎与相同种类的燃料油相当，产热量可观。

（3）从处理废物的角度看是十分有效的，焚烧后可使其质量减少 80% 以上，体积减小 90% 以上，燃烧后的废渣密度较大，作填埋处理也很方便。

4.4.3　洗净、粉碎、改型、造粒技术

废塑料地膜回收利用的关键是对其回收并再生，主要是熔融再生。熔融再生技术分为简单再生和复合再生处理。简单再生是针对塑料生产过程中的边角碎料而言，这些废塑料

品种单一，较少被污染，一般经简单处理便可直接加工成粒料或片料。而复合再生则是针对从流通、消费领域回收的废塑料，经过分选、预处理、熔炼、造粒（有的不经过造粒，直接成型）、成型等工序再生。

4.4.3.1　预处理

预处理包括分选、破碎、清洗和干燥。再生所用的废料主要来源于使用和流通后从不同途径收集到的塑料废物，它们在造粒前必须经过清洗、破碎和干燥等预处理工序。具体情况因不同情况而异。

A　清洗和干燥

对于污染不严重且结构不复杂的大型废旧塑料地膜，宜采取先清洗、后破碎的工艺。首先用带洗涤剂的水浸洗，以去除一些胶黏剂和油污等，然后用清水漂洗，清洗完后取出风干。

对于有污染的废旧地膜，应首先进行粗洗，除去砂土、石块和金属等异物，以防止其损坏破碎机。废旧塑料经粗洗后离心脱水，再送入破碎机破碎。破碎后再进一步进行精洗，以除去包藏在其中的杂物。清洗后需干燥，以便下一步熔融造粒。

清洗工艺目前在我国仍采取人工清洗和机械清洗两种方法。人工清洗的工作效率低，机械清洗的效果很好，特别是适用于清洗废旧农膜。其工作原理是将被清洗的废旧塑料制品放在温热的洗涤液中，如果是被油污染的制品，用适量浓度的碱水即可奏效。先浸泡数小时，再用机械搅拌，通过彼此摩擦和撞击可除去杂质和污物。

B　破碎

对于较大制件的塑料地膜在造粒前应先粗破碎后细破碎。根据需要可选择不同型号和功能的破碎设备。

4.4.3.2　再生料的成型前处理

A　配料

回收的废塑料经一系列的预处理得到干燥的粉料后，或直接塑化成型，或经造粒后再成型。在此之前，往往需要进行配料，加入各类配合剂，如稳定剂、着色剂、润滑剂、增塑剂、填充剂和各类改性剂等。废旧塑料地膜一般都有不同程度的老化，为了保证再生塑料制品的稳定性能，应当加入稳定剂。如热氧稳定剂、防紫外线稳定剂等。在使用稳定剂时，应注意其毒性和污染性。如再生聚氯乙烯（PVC）料中盐基性铅类有一定毒性，不宜制作与食品接触的塑料制品；弹性体的稳定剂中4010颜色深，不宜制作浅色制品。再生PVC料中可选取配合盐基性铅类、脂肪皂类、复合稳定剂，聚乙烯（PE）、聚丙烯（PP）再生料可用1010稳定剂。

废旧塑料常有一定程度的污染，故常选用深色的着色剂，如炭黑、铁红、塑料棕等。

润滑剂也是回收料中必不可少的助剂。再生聚氯乙烯（PVC）料中加入极性润滑剂比非极性润滑剂效果好，如用氯化石蜡比用普通石蜡好，而对于聚丙烯（PP）、聚苯乙烯（PS）、聚乙烯（PE）再生料用普通石蜡即可。

回收聚氯乙烯（PVC）料往往需要增塑剂。由于原塑料制品中的小分子增塑剂易在制品中发生迁移现象，所以再生的聚氯乙烯（PVC）制品中需要补充一些增塑剂，用量视制品要求的硬度而定。

填充料有碳酸钙、陶土、滑石粉、硫酸钡、赤泥、木粉等。加入填充料时需注意 3 个问题：

（1）要注意回收料中钙塑回收品的比率，如已经含有大量填充剂，不宜再加入相应的填充剂。

（2）在不影响加工流动性并保证其基本力学性能指标的前提下，可适当增加填充量。

（3）填充剂应经偶联剂（如钛酸酯偶联剂）活化。针对不同种填充剂，选择适宜型号的钛酸酯。

B　捏合

再生回收料与各类添加剂的捏合是十分必要的，捏合能使要配合的各组分在塑化混熔前达到宏观上的均匀分散，而成为一个均态多组分的混合物。在选定捏合设备与配合组分后，捏合的效果主要取决于捏合工艺（如温度、时间、加料顺序、搅拌速度等）的控制。回收塑料的捏合一般在混合造粒之前；如果再生料粉碎后不需造粒而直接加工成型，那么捏合应在成型之前进行。捏合的温度、时间、搅拌速度、加料顺序等操作及调控，可参照新生塑料捏合工艺。

C　造粒

不论何种废塑料制品，在制备回收废塑料的再生粒料前，首先应进行预处理：鉴别、分选、清洗、粉碎（硬制品）或切碎（软制品），然后经过两段热风干燥，使水分含量不超过 5%。这样处理过后的粉料经与其他组分的配合、捏合后即可造粒。有的回收料（如回收聚氯乙烯（PVC）软制品）也可不经切碎而直接用开炼机塑化、放片、切粒。制备聚乙烯（PE）、聚丙烯（PP）的再生钙塑料粒可采用开炼或密炼工艺，其工艺流程基本相同，只是捏合后经开炼机塑化、混炼、放片后切粒，也可由密炼机塑化、混炼，接开炼机放片后切粒。

回收聚氯乙烯（PVC）料因其熔体黏度高，宜在开炼机上人工控制，不论是否是钙塑再生料，皆可采用开炼工艺。

4.4.3.3　成型

A　模压成型

模压成型也称作压制成型或压缩模塑成型。废塑料的模压成型工艺是生产再生热塑性塑料制品的基本手段。

B　挤塑成型

挤塑成型也称挤出成型。通常使用螺杆挤出机完成塑化和挤出，即利用加热和螺杆剪切作用使塑料变成熔体，然后在压力作用下通过塑模直接制备连续的型材（如管、棒、丝、板、片及异形材等）。

C　注塑成型

注塑成型工艺是热塑性树脂和再生塑料重要的成型工艺。注塑成型有注入熔体和模塑冷却两个主要环节。与模压、挤塑工艺相比，注塑成型操作较复杂，有温控、自控、液压、电控等系统；注塑设备的一次性投资较大；对物料的熔体流动性也有较高的要求。

D　压延成型

压延成型是热塑性塑料加工的主要工艺之一。对于生产回收热塑性塑料片材来说，是较佳的生产工艺。它是将已熔融的塑料通过相向旋转的数个辊筒组（至少由两个辊筒组成）中的辊筒间隙，通过压延作用而生产连续片材的成型方法。

　　E　吹塑成型

　　吹塑成型是指将熔融状态的塑料型胚或管膜，通过压缩空气直接或间接地吹胀成型，冷却后得到相应制品的一种热塑性树脂的成型加工工艺。

4.4.4　制备氯化聚乙烯技术

　　回收利用农用薄膜进行废聚乙烯制备氯化聚乙烯是非常有必要的，一方面是高密度聚乙烯紧缺，另一方面是氯化聚乙烯作为聚氯乙烯的优良改性剂和特种橡胶应用已被世界公认。

　　聚乙烯（粉状）树脂进行氯化，可制得系列氯化聚乙烯（CPE，chlorinated PE），因其含氯量不同而特性各异，用途也各不相同。其中商品化的 CPE 具有非常广泛的用途。对回收 PE 进行与 PE 树脂类似的氯化，也可制得氯化再生聚乙烯料。

　　CPE 的生产工艺有溶液法、悬浮法和固相法 3 种：

　　（1）溶液法是较早使用的方法，因有机溶剂用量大、环境污染大、生产成本高，现已很少使用。

　　（2）悬浮法是现今国内外普遍采用的方法，但存在设备腐蚀和"三废"处理困难等问题。

　　（3）固相法对设备腐蚀小，基本无"三废"，生产成本低，是生产氯化聚乙烯的方向。这节仅介绍固相法基本工艺。

4.4.4.1　配方

固相法工艺基本配方见表 4-6。

表 4-6　固相法工艺基本配方

原料	用量/g	原料	用量/g
废聚乙烯（PE）	70	水	280
助剂	3	氢氧化钠（NaOH）	8
液氯	8		

4.4.4.2　工艺流程

固相法工艺流程如图 4-20 所示。

图 4-20　固相法工艺流程

4.4.4.3　操作步骤

氯化工艺是将粉碎好的废料加入反应釜中，加入一定量的引发剂、水、助剂，边搅拌边加热，加热到一定温度时通入氯气，进行氯化，氯化过程中放出的氯化氢由酸吸收槽吸收。通过此槽吸收可控制氯含量，未反应的氯气通过循环泵和循环槽循环使用，一直达到预定的含氯量为止。产物经洗净、中和、干燥后即为产品。该产品作为进一步制备氯化聚乙烯的原料。

聚乙烯氯化改性料的显著特点是：氯化基本上仅一步，所以氯化改性工艺比较简单；可制得软质和硬质塑料、类橡胶弹性体、涂料等系列氯化改性产品，这些产品具有阻燃、耐油、耐臭氧、耐气候变化、抗撕裂等良好特性。尤为引人注目的是 CPE 弹性体（含氯量约35%左右），可以作为大分子增韧剂及高聚共混物的增容剂。

4.4.5　还原油化技术

由于废塑料是石油化工产品，从化学结构上看，塑料为高分子碳氢化合物，而汽油、柴油则是低分子碳氢化合物。废聚乙烯裂解制取油品与化学品（简称油化工艺）有如下几种方法：热解法、催化热解法（一步法）、热解-催化改质法（两步法），以下分别论述。

4.4.5.1　热解法油化工艺

热解法油化工艺是将废聚乙烯或废聚乙烯与其他废塑料混合进行热解，制取蜡、油品、炭黑等产品。中国石油大学对此类油化工艺的研究结果证实：在促进剂作用下单独热解废聚乙烯可得油品与合格的地蜡，蜡产率50%~90%，制取地蜡较制取油品的经济效益要高。

4.4.5.2　催化热解法（一步法）油化工艺

催化热解法（一步法）油化工艺是将废聚乙烯或废聚乙烯与其他废塑料的混合物及催化剂加入反应釜，热解与催化热解同时进行。一步法油化工艺的优点是：裂解温度低，全部裂解所用时间短，液体收率高，设备投资少。其缺点是：催化剂用量大，而且催化剂与废塑料裂解产生的炭黑及塑料中所含的杂质混在一起，难以分离回收，使此工艺的推广受到限制。

4.4.5.3　热解-催化改质法（两步法）油化工艺

热解-催化改质法（两步法）油化工艺是将废聚乙烯与其他废塑料混合，先进行热解，然后对热解产物进行催化改质，得到油品。该工艺在废塑料处理行业应用最多。两步法油化工艺较为成熟，应用广泛。一步法油化工艺裂解时间短、温度低，但催化剂用量大，不易回收，推广应用受到限制。热解法处理混合废塑料所得油品蜡含量高、质量差，但采用此方法处理废聚乙烯可得高质量地蜡，经济效益较制取油品高。热解-催化改质工艺在热解段可使用少量催化剂，以缩短裂解时间和降低裂解温度。而热解-催化改质工艺处理混合废塑料及热解法处理废聚乙烯，则是两种有发展前景的工艺。

4.5　本 章 小 结

本章介绍了几种典型的农业固体废物的资源化回收利用技术，分别对植物纤维性废物、畜禽粪污、废农用薄膜三大类农业固体废物的资源化利用方式和途径进行论述，并有实际案例和具体工艺供学生掌握学习。

思考练习题

4-1 何谓农业固体废物资源化?

4-2 简述农业固体废物资源化的原则和基本途径。

4-3 植物纤维性固体废物资源化工艺有哪几种,试比较各自优缺点。

4-4 畜禽粪便固体废物资源化工艺有哪几种?

4-5 塑料地膜的资源化回收利用方式有哪些?

5 危险废物的处理与处置

课前思考预习

1. 危险废物是指什么，包括哪些危害。
2. 城市有哪些危险废物，这些危险废物是如何收集处理的。
3. 危险废物处置不当影响有多大。

5.1 危险废物的来源与分类

5.1.1 危险废物的定义

对危险废物的定义不同的国家和组织各有不同的表述，还没有在国际上形成统一的意见。

联合国环境规划署把危险废物定义为："危险废物是指除放射性以外的那些废物（固体、污泥、液体和利用容器的气体），由于它的化学反应性、毒性、易爆性、腐蚀性和其他特性引起或可能引起对人体健康或环境的危害，不管它是单独的或与其他废物混在一起，不管是产生的或是被处置的或正在运输中的，在法律上都称危险废物"。

世界卫生组织的定义是："危险废物是一种具有物理、化学或生物特性的需要特殊的管理与处置以免引起健康危害或产生其他环境危害的废物。"

美国在《资源保护和回收法》中将危险废物定义为："危险废物是固体废物，由于不适当的处理、贮存、运输、处置或其他管理方面，它能引起或明显地影响各种疾病和死亡，或对人体健康或环境造成显著的威胁。"

日本《废弃物处理及清扫法》定义："特别管理废弃物（即危险废物）为废弃物当中具有爆炸性、毒性、感染性以及其他对人体健康和生活环境产生危害的特性并经过政令确定的物质。"

我国在 1995 年颁布并于 2020 年修订的《中华人民共和国固体废物污染环境防治法》中将危险废物规定为："列入国家危险废物名录或者根据国家规定的危险废物鉴别标准和鉴别方法认定的具有危险特性的废物"。

5.1.2 危险废物的来源

危险废物的来源范围非常广泛，主要包括工业生产、居民生活、商业机构、农业生产、医疗服务、环保设施运行等过程（表5-1）。

表 5-1 危险废物的主要来源

废物产生行业	可能产生的废物类别
机械加工及电镀	废矿物油、废乳化液、废油漆、表面处理废物、含铜废物、含锌废物、含铅废物、含汞废物、无机氰化废物、废碱、石棉废物、含镍废物等
金属冶炼、铸造及热处理	含氰热处理废物、废矿物油、废乳化液、含铜废物、含锌废物、含镉废物、含锑废物、含铅废物、含汞废物、含铊废物、废碱、废酸、石棉废物、含镍废物、含钡废物等
塑料、橡胶、树脂、油脂等化学生产及加工	废乳化液、精（蒸）馏残渣、有机树脂类废物、新化学品废物、感光材料废物、焚烧处理残渣、含酸类废物、含醚废物、废卤化有机溶剂、废有机溶剂、含有机物废物、含重金属废物、废油漆等
建材生产及建材使用	含木材防腐剂废物、废矿物油、废乳化液、废油漆、有机树脂类废物、废碱、废酸、石棉废物等
印刷纸浆生产及纸加工	废油漆、废乳化液、废碱、废酸、废卤化有机溶剂、废有机溶剂、含重金属的废涂液等
纺织印染及皮革加工	废油漆、废乳化液、含铬废物、废碱、废酸、废卤化有机溶剂、废有机溶剂等
化工原料及石油产品生产	含木材防腐剂废物、含有机溶剂废物、废矿物油、废乳化液、含多氯联苯废物、精（蒸）馏残渣、有机树脂类废物、废油漆、易燃性废物、感光材料废物、含铍废物、含铬废物、含铜废物、含锌废物、含硒废物、含锑废物、含铅废物、含汞废物、含铊废物、有机铅化物废物、无机氰化物废物、废碱、废酸、石棉废物、有机磷化物废物、含醚类废物、废卤化有机溶剂、废有机溶剂、含有氯苯并呋喃类废物、多氯联苯二噁英类废物、有机卤化物废物、含镍废物、含钡废物等
电力、煤气厂及废水处理	废乳化液、含多氯联苯废物、精（蒸）馏残渣、焚烧处理残渣等
医药及农药生产	医药废物、废药品、农药及除草剂废物、废乳化液、精（蒸）馏残渣、新化学品废物、废碱、废酸、有机磷化物废物、有机氰化物废物、含酚废物、含醚类废物、废卤化有机溶剂、废有机溶剂、含有机卤化物废物等
食品及饮料制造生产容器清洗	废碱、废酸、废非卤化有机溶剂等
制鞋行业的黏合剂涂敷	废易燃黏合剂
印刷、出版及相关工业定影显影设备清洗、制版等工艺	废碱、废酸、含汞废液，含铬废物/液，含铜废液、废卤化有机溶剂、废有机溶剂、易燃油墨废物等
化工及化学制造	废碱、废酸、废卤化溶剂、废非卤化溶剂、含农药废物、重金属废物、含氰废物、含重金属催化剂、含重金属废物、蒸馏残渣、石棉废物等
石油及煤产品制造	废卤化溶剂、废非卤化溶剂等
玻璃及玻璃制品生产	废矿物油、废卤化溶剂、废非卤化溶剂、废酸、重金属废液、废油漆等
钢铁生产与加工	重金属废物、废碱、废酸、废矿物油、含锌废液等
有色金属生产与加工	含重金属废物、废碱、废酸、废矿物油、含锌废物、废卤化溶剂、废非卤化溶剂等
金属制品与制造	废碱、废酸、含氰废液、废卤化溶剂、废非卤化溶剂、废矿物油、废油漆、易燃废物、含铬废液，含重金属废物、废液等
办公及家电机械和电子设备制造、电子及通信设备制造	废碱、废酸、废卤化溶剂、废非卤化溶剂、废矿物油、含重金属废液、含氰废液、易燃有机物等

废物产生行业	可能产生的废物类别
运输部门作业及车辆保养修理	废易燃有机物、废油漆、废卤化溶剂、废矿物油、含多氯联苯废物、废酸、含重金属的废电池等
医疗部门	医院废物、医药废物、废药品等
实训室、商业和贸易部门、服务行业	废碱、废酸、废卤化溶剂、废非卤化溶剂、废矿物油、含重金属废物、废液，废油漆等，损坏、过期、不合格、废弃及无机的化学药品等
废物处理工艺	废碱、废酸、废卤化溶剂、废非卤化溶剂、废矿物油、含重金属废物、废液，含有机商化物废物、废油漆、有机树脂类废物等
机械、设备、仪器、运输工具、器材、用品、产品及零件制造	废碱、废酸、废卤化溶剂、废非卤化溶剂、废矿物油、含重金属废液、含氰废液、易燃有机物、石棉废物、废催化剂等

5.1.3　危险废物的分类

5.1.3.1　目录式分类

目录式分类是根据经验和实训分析鉴定的结果，将危险废物的品名列成一览表。用以表明某种废物是否属于危险废物，再由国家管理部门以立法形式予以公布。由于国情的不同，每个国家的名录分类的依据有所差异。

我国的《国家危险废物名录（2021 版）》将危险废物分为 50 个大类，分别为 HW01 到 HW50，列入本名录附录《危险废物豁免管理清单》中的危险废物，在所列的豁免环节，且满足相应的豁免条件时，可以按照豁免内容的规定实行豁免管理。

5.1.3.2　按物理形态分类

危险废物按照物理形态可以分为固体废物、液态危险废物、气态危险废物、污泥状危险废物、泥浆状危险废物、桶装危险废物等。

5.1.3.3　按物质成分分类

按物质成分分类，可把危险废物分为无机危险废物、有机危险废物、油类危险废物、其他有害危险废物等（表 5-2）。

表 5-2　按物质成分分类的危险废物

分类名	废　物　名
无机危险废物	酸、碱、重金属、氰化物、电镀废水
有机危险废物	杀虫剂、石油类的烷烃和芳香烃，卤代物的卤代烃、卤代脂肪酸、卤代芳香烃化合物和多环芳烃化合物
油类危险废物	润滑油、液压传动装置的液体、受污染的燃料油
其他危险废物	金属工艺、油漆、废水处理等方面的污染物

5.1.4　危险废物的危害

危险废物的危害概括起来有如下几点：

（1）短期急性危害。这指的是通过摄食、吸入或皮肤吸收引起急性毒性、腐蚀性，其他皮肤或眼睛接触危害性，易燃易爆的危险性等，通常是事故性危险废物。

（2）长期环境危害。它起因于反复暴露的慢性毒性、致癌性（某种情况下由于急性暴露而会产生致癌作用，但潜伏期很长）、解毒过程受阻、对地下或地表水的潜在污染或美学上难以接受的特性（如恶臭）。如湖南某乡镇企业随意堆置炼砷废矿渣，造成当地地下饮用水水源的水质恶化，使附近居民饮用水水源受污染。

（3）难以处理。对危险废物的治理需要花费巨额费用。根据发达国家经验，在长期内消除"过去的过失"费用相当昂贵；据统计要多花费 10～1000 倍费用消除过去遗留的危险废物。

5.2　危险废物的鉴别

危险废物
的鉴别

危险废物的鉴别是有效管理、处理与处置危险废物的前提。通常危险废物的鉴别方法有两种，一种是名录法，另一种是特性法。

5.2.1　危险废物名录鉴别法

凡是列入《国家危险废物名录（2021 版)》中的废物均为危险废物。

对于未知废物首先必须明确其是否属于《危险废物名录》中所列的种类。如果在名录之列，则必须根据《危险废物鉴别标准》来检测其危险特性，按照标准来判定具有哪类危险特性；如果不在名录之列，也必须按《危险废物鉴别标准》来判定该类废物是否属于危险废物和相应的危险特性。

5.2.2　危险废物特性鉴别法

危险特性鉴别法，就是按照一定的标准，通过测废物的性质来判别该废物是否属于危险废物。我国出台的危险废物鉴别标准有易燃性鉴别、腐蚀性鉴别、反应性鉴别、浸出毒性鉴别等。

5.2.2.1　易燃性鉴别

固体废物具有以下特性之一，称其为易燃性危险废物：

（1）液态易燃性危险废物。闪点温度低于 60℃（闭杯试验）的液体、液体混合物或含有固体物质的液体。

（2）固态易燃性危险废物。在标准温度和压力（25℃，101.3kPa）下因摩擦或自发性燃烧而起火，经点燃后能剧烈而持续地燃烧并产生危害的固态废物。

（3）气态易燃性危险废物。在 20℃，101.3kPa 状态下，在与空气的混合物中体积分数不大于 13% 时可点燃的气体，或者在该状态下，不论易燃下限如何，与空气混合，易燃范围的易燃上限与易燃下限之差大于或等于 12 个百分点的气体。

5.2.2.2　腐蚀性鉴别

符合下列条件之一的固体废物，属于腐蚀性危险废物：

（1）按照《固体废物腐蚀性测定玻璃电极法》（GB/T 15555.13—1995）的规定制备

的浸出液，pH 值不小于 12.5 或 pH 值不大于 2。

（2）在 55℃条件下，对《优质炭素钢结构》（GB/T 699—2015）中规定的 20 号钢材的腐蚀速率不小于 6.35mm/a。

5.2.2.3 反应性鉴别

反应性是指易于发生爆炸或剧烈反应，或反应时会挥发有毒的气体或烟雾的性质。废物具有以下特性之一，则称其为反应性危险废物：

（1）具有爆炸性质。

（2）与水或酸接触产生易燃气体或有毒气体。

（3）废弃氧化剂或有机过氧化物。

5.2.2.4 浸出毒性鉴别

该项适用范围扩展到任何过程产生的危险废物，在类别上包括无机元素及化合物、有机农药类、非挥发性有机化合物和挥发性有机化合物，具体项目包括 50 项。固态的危险废物过水浸渍，其中有害的物质迁移转化，污染环境。浸出的有害物质的毒性称为浸出毒性。浸出液中任何一种有害成分的浓度超过表 5-3 所列的浓度值，则该废物是具备浸出毒性的危险废物。浸出毒性鉴别标准值见表 5-3。

表 5-3　浸出毒性鉴别标准值

	危害成分项目	浸出液危害成分浓度限值/mg·L⁻¹
	无机元素及化合物	
1	铜（以总铜计）	100
2	锌（以总锌计）	100
3	镉（以总镉计）	1
4	铅（以总铅计）	5
5	总铬	15
6	铬（6 价）	5
7	烷基汞	不得检出①
8	汞（以总汞计）	0.1
9	铍（以总铍计）	0.02
10	钡（以总钡计）	100
11	镍（以总镍计）	5
12	总银	5
13	砷（以总砷计）	5
14	硒（以总硒计）	1
15	无机氟化物（不包括氟化钙）	100
16	氰化物（以 CN⁻计）	5
	有机农药类	
17	滴滴涕	0.1
18	六六六	0.5

	危害成分项目	浸出液危害成分浓度限值/mg·L⁻¹
19	乐果	8
20	对硫磷	0.3
21	甲基对硫磷	0.2
22	马拉硫磷	5
23	氯丹	2
24	六氯苯	5
25	毒杀芬	3
26	灭蚁灵	0.05
非挥发性有机化合物		
27	硝基苯	20
28	二硝基苯	20
29	对硝基氯苯	5
30	2,4-二硝基氯苯	5
31	五氯酚及五氯酚钠（以五氯酚计）	50
32	苯酚	3
33	2,4-二氯酚钠	6
34	2,4,6-三氯苯酚	6
35	苯并（a）芘	0.0003
36	邻苯二甲酸二丁酯	2
37	邻苯二甲酸二辛酯	3
38	多氯联苯	0.002
挥发性有机化合物		
39	苯	1
40	甲苯	1
41	乙苯	4
42	二甲苯	4
43	氯苯	2
44	1,2-二氯苯	4
45	1,4-二氯苯	4
46	丙烯腈	29
47	三氯甲烷	3
48	四氯化碳	0.3
49	三氯乙烯	3
50	四氯乙烯	1

① "不得检出"指甲基汞<10mg/L，乙基汞<20mg/L。

5.2.2.5　急性毒性初筛

符合下列条件之一的固体废物，属于急性毒性初筛危险废物。

经口摄取：固体 LD_{50}（可使青年白鼠口服后，在 14 天内死亡一半的物质剂量）$\leqslant 200mg/kg$，液体 $LD_{50} \leqslant 500mg/kg$。

经皮肤摄取：LD_{50}（是使白兔的裸露皮肤持续接触 24h，最可能引起这些试验动物在 14 天内死亡一半的物质剂量）$\leqslant 1000mg/kg$。

蒸气、烟雾或粉尘吸入：LC_{50}（是使雌雄青年白鼠持续吸入 1h，最可能引起这些试验动物在 14 天内死亡一半的蒸汽、烟雾或粉尘的浓度）$\leqslant 100mg/L$。

5.3　危险废物的收集和贮存的要求条件

在中华人民共和国境内从事危险废物收集、贮存、利用、处置经营活动的单位，应当领取危险废物经营许可证。

危险废物经营许可证按照经营方式分为：危险废物综合经营许可证、危险废物利用经营许可证和危险废物收集经营许可证。

领取危险废物综合经营许可证的单位，可以从事危险废物的收集、贮存、利用、处置经营活动（有效期为 5 年）。

领取危险废物利用经营许可证的单位，可以从事危险废物收集、贮存、利用经营活动（有效期为 5 年）。

领取危险废物收集经营许可证的单位，只能从事危险废物收集经营活动（有效期为 3 年）。

5.3.1　危险废物的收集

5.3.1.1　危险废物的收集条件

危险废物的收集是指持有危险废物经营许可证的单位将分散的危险废物进行集中的活动。收集的危险废物贮存不得超过 1 年。

同时满足下列条件可申请危险废物经营许可证：

（1）有符合国家或者地方环境保护标准或者技术规范要求的包装工具，中转和临时存放设施、设备以及贮存设施、设备。

（2）有防扬散、防流失、防渗漏的运输工具。

（3）有健全的危险废物环境管理规章制度、污染防治措施和事故应急救援措施。

（4）有危险废物利用处置去向的协议或方案。

5.3.1.2　危险废物收集包装要求

危险废物收集时应根据危险废物的种类、数量、危险特性、物理形态、运输要求等因素确定包装形式，具体包装应符合如下要求：

（1）包装材质要与危险废物相容，可根据废物特性选择钢、铝、塑料等材质。

（2）性质类似的废物可收集到同一容器中，性质不相容的危险废物不应混合包装。

（3）危险废物包装应能有效隔断危险废物迁移扩散途径，并达到防渗、防漏要求。

（4）包装好的危险废物应设置相应的标签，标签信息应填写完整详实。

（5）盛装过危险废物的包装袋或包装容器破损后应按危险废物进行管理和处置。

5.3.1.3 危险废物的收集作业要求

危险废物的收集作业应满足如下要求：

（1）应根据收集设备、转运车辆以及现场人员等实际情况确定相应作业区域，同时要设置作业界限标志和警示牌。

（2）作业区域内应设置危险废物收集专用通道和人员避险通道。

（3）收集时应配备必要的收集工具和包装物，以及必要的应急监测设备及应急装备。

（4）危险废物收集应填写记录表，并将记录表作为危险废物管理的重要档案妥善保存。

（5）收集结束后应清理和恢复收集作业区域，确保作业区域环境整洁安全。

（6）收集过危险废物的容器、设备、设施、场所及其他物品转作他用时，应消除污染，确保其使用安全。

5.3.2 危险废物的标识

5.3.2.1 危险废物标识的设置要求

A 危险废物贮存场所的危险废物警告标志的设置

危险废物贮存场所是指危险废物产生、临时存放、暂时存放、贮存等有危险废物短期或长期存在的场所，其应当设置危险废物警告标志。具体设置要求是：

（1）危险废物贮存设施为房屋的，应将危险废物警告标志悬挂于房屋外面门的一侧，靠近门口适当的高度上；当门的两侧不便于悬挂时，则悬挂于门上水平居中、高度适当的位置上。

（2）危险废物贮存设施建有围墙或防护栅栏，且高度高于150cm的，应将危险废物警告标志挂于围墙或防护栅栏比较醒目、便于观察的位置上；当围墙或防护栅栏的高度在150~100cm之间时，危险废物警告标志则应靠近上沿悬挂；围墙或防护栅栏的高度不足100cm时，应当设立独立的危险废物警告标志。

（3）危险废物贮存设施为其他箱、柜等独立贮存设施的，可将危险废物警告标志悬挂在该贮存设施上，或在该贮存设施附近设立独立的危险废物警告标志。

（4）危险废物贮存于库房一隅的，将危险废物警告标志悬挂在对应的墙壁上，或设立独立的危险废物警告标志。

（5）所产生的危险废物密封不外排存放的，可将危险废物警告标志悬挂于该贮存设施适当的位置上，也可在该贮存设施附近设立单独的危险废物警告标志。

B 危险废物利用、处置场所的危险废物警告标志的设置

危险废物利用、处置场所是指危险废物再利用、无害化处理和最终处置的场所，其应当设置危险废物警告标志。具体设置要求是：

（1）危险废物处置设施外建有厂房的，危险废物警告标志设置要求同危险废物贮存设施。

（2）危险废物处置设施外未建厂房或不便于悬挂的，应当设立独立的危险废物警告标志。

C　危险废物贮存场所标签要求

危险废物贮存场所的危险废物标签的设置和盛装危险废物的容器的危险废物标签的粘贴。

a　危险废物贮存场所的危险废物标签的设置

危险废物贮存设施指按规定设计、建造或改建的用于专门存放危险废物的设施，其内必须设置危险废物标签，具体设置要求是：

危险废物贮存在库房内或建有围墙、防护栅栏的，可将危险废物标签悬挂在内部墙壁（围墙、防护栅栏）于适当的位置上；当所贮存的危险废物在两种及两种以上时，危险废物标签的悬挂应与其分类相对应；当库房内不便于悬挂危险废物标签，或只贮存单一种类危险废物时，可将危险废物标签悬挂于库房外面危险废物警告标志一侧，与危险废物警告标志相协调。

危险废物贮存设施为其他箱、柜等独立贮存设施的，可将危险废物标签悬挂于危险废物警告标志左侧，与危险废物警告标志协调居中。

危险废物贮存围墙或防护栅栏的高度不足100cm的，危险废物标签与危险废物警告标志并排设置。

b　盛装危险废物的容器的危险废物标签的粘贴

盛装危险废物的容器上必须粘贴危险废物标签，当采取袋装危险废物或不便于粘贴危险废物标签时，则应在适当的位置系挂危险废物标签牌。

c　危险废物标签的危险类别

应根据所产生的危险废物种类和性质，依据附件相关标准确定其危险类别，如某一种危险废物的危险废物分类为两或两种以上的，只选择最强的或最主要的一种。

D　危险废物转运车危险废物警告标志的设置

专用危险废物转运车应当喷涂或粘贴固定的危险废物警告标志，临时租用的危险废物转运车应粘贴临时危险废物警告标志。

5.3.2.2　医疗废物标识的设置要求

A　医疗废物暂存、处置场所警示标志

（1）医院医疗废物暂存库房和库房外明显处、医疗废物处置单位处置厂出入口、暂时贮存设施、处置场所的警示标志，应悬挂医疗废物警示标志和危险废物警告标志。

（2）医院科室医疗废物收集点，应当在相应的位置上悬挂医疗废物警示标志和危险废物警告标志。

B　医疗废物转运车医疗废物警示标志的设置

（1）医疗废物转运车应在车厢的前部、后部及车厢两侧喷涂医疗废物警示标志。如车厢后部是双开门的，应在两扇门上分别喷涂，尺寸可适当缩小。

（2）驾驶室两侧应标明医疗废物处置或转运单位名称，并在驾驶室明显部位标注车辆运输医疗废物的警示说明，应包括但不限于以下内容：

本车仅适用于采用专用周转箱盛装专用塑料袋密封包装的医疗废物运输。

本车不适用于其他方式的医疗废物运输。

本车未经国家认可部门检验批准，禁止用于医疗废物以外的其他货物运输。

5.3.3 危险废物的贮存

对已产生的危险废物，若暂时不能回收利用或进行处理处置的，其产生单位须建设专门的危险废物贮存设施进行贮存，并设立危险废物标志，或委托具有专门危险废物贮存设施的单位进行贮存，贮存期限不得超过国家规定。贮存危险废物的单位需拥有相应的许可证。禁止将危险废物以任何形式转移给无许可证的单位，或转移到非危险废物贮存设施中。危险废物贮存设施应有相应的配套设施并按有关规定进行管理。

5.3.3.1 危险废物的贮存的基本要求

（1）所有危险废物产生者和危险废物经营者应建造专用的危险废物贮存设施，也可利用原有构筑物改建成危险废物贮存设施。

（2）在常温常压下易爆、易燃及排出有毒气体的危险废物必须进行预处理，使之稳定后贮存，否则，按易爆、易燃危险品贮存。

（3）在常温常压下不水解、不挥发的固体危险废物可在贮存设施内分别堆放。

（4）遇火、遇热、遇潮能引起燃烧、爆炸或发生化学反应，产生有毒气体的危险废物不得在露天或在潮湿、积水的建筑物中贮存。

（5）受日光照射能发生化学反应引起燃烧、爆炸、分解、化合或能产生有毒气体的危险废物应贮存在一级建筑物中。其包装应采取避光措施。

（6）无法装入常用容器的危险废物可用防漏胶袋等盛装。装载液体、半固体危险废物的容器内须留足够空间，容器顶部与液体表面之间保留 100mm 以上的空间。医院产生的临床废物，必须当日消毒，消毒后装入容器，常温下贮存期不得超过 1 天，于 5℃ 以下冷藏的，不得超过 7 天。

（7）爆炸物品不准和其他类物品同贮，必须单独隔离限量贮存，仓储不准建在城镇。

（8）危险废物贮存设施在施工前应做环境影响评价。

（9）盛装危险废物的容器上必须粘贴符合标准的标签。

5.3.3.2 危险废物的贮存方式和类型

危险废物贮存是指危险废物再利用或无害化处理和最终处置前的存放行为。危险废物的贮存方式可分为集中贮存、隔离贮存、隔开贮存和分离贮存。集中贮存是指为危险废物集中处理、处置而附设贮存设施或设置区域性贮存设施的贮存方式；隔离贮存是指在同一房间或同一区域内，不同的物料之间分开一定的距离，非禁忌物料间用通道保持空间的贮存方式；隔开贮存是指在同一建筑或同一区域内，用隔板或墙将其与禁忌物料隔离的贮存方式；分离贮存是指在不同的建筑物或远离所有建筑的外部区域内的贮存方式。

危险废物贮存的类型主要有贮存容器、贮罐、地表蓄水池、填埋、废物堆栈和深井灌注等。贮存容器是危险废物贮存最常用的形式之一。它指任何可移动的装置，物料在其中被贮存、运输、处理或管理。

贮罐是用于贮存或处理危险废物的固定设备。因为它可累积大量的物料，有时可达数万加仑，广泛应用于危险废物的贮存或累积。

地表蓄水池是一种天然的下沉地形结构，人造坑洞，或是主要由土质材料建造的堤防围起的区域（尽管可能衬有人造材料），被用于处理、贮存或处置液态危险废物。如贮水塘、贮水井和固定塘。

填埋是一种可以在土地上或土地中安置非液态危险废物的处置类型。

废物堆栈是一种处理或贮存非液态危险废物的露天堆栈。对这种装置的要求与对填埋的要求很相似，但不同的是，废物堆栈只能被用于暂时的贮存和处理，不能用于处置。

深井灌注是指把液状废物注入地下与饮用水和矿脉层隔开的可渗透性的岩层中。在某些情况下，它是处置某些有害废物的安全处置方法。

5.3.3.3 危险废物贮存容器的要求

对于危险废物的贮存容器，除了使用符合标准的容器盛装危险废物外，应注意危险废物与贮存容器的相容性。盛装危险废物的容器材质和衬里要与危险废物相容，例如塑料容器不应用于贮存废溶剂。对于反应性危险废物，如含氰化物的废物，必须装在防湿防潮的密闭容器中，否则，一旦遇水或酸，就会产生氰化氢剧毒气体。对于腐蚀性危险废物，为防止容器泄漏，必须装在衬胶、衬玻璃或塑料的容器中，甚至用不锈钢容器。对于放射性危险废物，必须选择有安全防护屏蔽的包装容器。装载危险废物的容器及材质要满足相应的强度要求，而且必须完好无损，以防止泄漏。液体危险废物可注入开孔直径不超过70mm 并有放气孔的桶中进行贮存。盛装危险废物的容器上必须按《危险废物贮存污染控制标准》（GB 18597—2001）的有关规定贴上相应的标签。危险废物的贮存容器也必须满足相应的强度要求，清洁、无锈、无擦伤及损坏。

5.3.4 危险废物贮存设施的管理

5.3.4.1 危险废物贮存设施的运行与管理

（1）从事危险废物贮存的单位，必须得到有资质单位出具的该危险废物样品的物理和化学性质的分析报告，认定可贮存后，方可接收。

（2）危险废物贮存前必须进行检验，确保同预定接收的危险废物一致，并登记注册。

（3）从事危险废物贮存的单位不得接收未粘贴符合《危险废物贮存污染控制标准》（GB 18597—2001）的有关规定的标签或标签没按规定填写的危险废物。

（4）盛装在容器内的同类危险废物可以堆叠存放。

（5）每个堆间应留有搬运通道。

（6）不得将不相容的危险废物混合或合并存放。

（7）危险废物产生者和危险废物贮存设施经营者均须做好危险废物情况的记录，记录上须注明危险废物的名称、来源、数量、特性和包装容器的类别、入库日期、存放库位、危险废物出库日期及接收单位名称。危险废物的记录和货单在危险废物取回后应继续保留三年，以备核查。

（8）贮存设施经营者必须定期对所贮存的危险废物包装容器及贮存设施进行检查，发现破损应及时采取措施清理更换。

（9）泄漏液、清洗液、浸出液必须符合《污水综合排放标准》（GB 8978—1996）的要求方可排放，气体导出口排出的气体经处理后，应满足《大气污染物综合排放标准》（GB 16297—1996）和《恶臭污染物排放标准》（GB 14554—1993）的要求。

5.3.4.2 危险废物贮存设施的安全防护与监测

（1）危险废物贮存设施都必须按《环境保护图形标志固体废物贮存（处置）场》

（GB 15562.2—1995）的规定设置警示标志。

（2）危险废物贮存设施周围应设置围墙或其他防护栅栏。

（3）危险废物贮存设施应配备通信设备、照明设施、安全防护服装及工具，并设有应急防护设施。

（4）危险废物贮存设施内清理出来的泄漏物，一律按危险废物处理。

（5）危险废物管理者必须按国家污染源管理要求对危险废物贮存设施进行监测。

5.4　危险废物的运输

运输是指从危险废物产生地移至处理或处置地的过程。危险废物的运输需选择合适的容器、确定装载方式、选择适宜的运输工具、确定合理的运输路线以及制定泄漏或临时事故的补救措施。

从事危险废物运输的单位应持有危险废物经营许可证，并获得交通运输部门颁发的危险货物运输资质。

5.4.1　危险废物的运输容器

装运危险废物的容器应根据危险废物的不同特性而设计，不易破损、变形老化，能有效地防止渗漏、扩散。装有危险废物的容器必须贴有标签，在标签上详细标明危险废物的名称、类别、危险特性、废物形态等信息，如图 5-1 所示。

危险废物		
废物名称：		
废物类别：	废物代码：	
产生日期：	经营单位入库日期：	
危险特性：　□ 易燃性　□ 反应性　□ 腐蚀性　□ 毒性　□ 感染性		
废物形态：　□ 液态　□ 固态　□ 半固态　□ 气态		
主要成分：		
危害成分：		
注意事项：		
数字识别码：		
产生(收集)单位：＿＿＿＿＿＿＿＿＿＿＿＿　地址：＿＿＿＿＿＿＿＿＿＿＿＿　联系人：＿＿＿＿　联系方式：＿＿＿＿＿＿		二维码
备注：		

图 5-1　危险废物标签式样

5.4.2　危险废物的运输要求

《中华人民共和国固体废物污染环境防治法》规定，运输危险废物必须采取防止污染环境的措施，并遵守国家有关危险废物运输管理的规定。运输单位和个人在运输危险废物过程中，必须采取防扬散、防流失、防渗漏或其他防止污染环境的措施。禁止将危险废物与旅客在同一运输工具上载运。

5.4.3　危险废物的运输管理

危险废物的运输管理是指危险废物收集过程中的运输和收集后运送到中间贮存处理或处置厂（场）的过程所需实行的污染控制。在运输危险废物时，对装载操作人员和运输者要进行专门的培训，并进行有关危险废物的装卸技术和运输中的注意事项等方面的知识教育，同时配备必要的防护工具，以确保操作人员和运输者的安全。对危险废物的运输，工作人员要使用专用的工作服、手套和眼镜。对易燃或易爆性固体废物，应当在专用场地上操作，场地要装配防爆装置和消除静电设备。对于毒性、生物毒性以及可能具有致癌作用的固体废物，为防止固体废物与皮肤、眼睛或呼吸道接触，操作人员必须佩戴防毒面具。对于具有刺激性或致敏性的固体废物，也必须使用呼吸道防护器具。

公路运输是危险废物的常用运输方式。运输必须是接受过专门培训并持有证明文件的司机和拥有专用或适宜运输的车辆，即运输车辆必须经过主管单位的检查，并持有有关单位签发的许可证。指定运输危险废物的车辆，应标有适当的危险符号，以引起关注。运输者必须持有有关运输材料的必要资料，并制定废物泄漏情况的应急措施，防止意外事故的发生。运输危险废物，必须采取防止污染环境的措施，并遵守国家有关危险货物运输管理的规定。经营者在运输前应认真验收运输的废物是否与运输单相符，决不允许有互不相容的危险废物混入；同时检查包装容器是否符合要求，查看标记是否清楚，尽可能熟悉产生者提供的偶然事故的应急措施。为了保证运输的安全性，运输者必须按照有关规定装载和堆积废物，若发生撒落、泄漏及其他意外事故，运输者必须立即采取应急补救措施，妥善处理，并向环境保护行政主管部门呈报。在运输完之后，经营者必须认真填写危险废物转移联单，包括日期、车辆车号、运输许可证号、所运的废物种类等，以便接受主管部门的监督管理。

5.5　危险废物的转移

5.5.1　转移危险废物的污染防治

危险废物的越境转移应遵从《控制危险废物越境转移及其处置的巴尔赛公约》的要求，危险废物的国内转移应遵从《危险废物转移联单管理办法》及其他有关规定的要求。

各级环境保护行政主管部门应按照国家和地方制定的危险废物转移管理办法对危险废物的流向进行有效控制，禁止在转移过程中将危险废物排放至环境中。

5.5.2　危险废物的国内转移

危险废物的国内转移应遵从《危险废物转移联单管理办法》（2022 年 1 月 1 日实施）及

其他有关规定的要求。生态环境主管部门（生态环境主管部门依法对危险废物转移污染环境防治工作以及危险废物转移联单运行实施监督管理，查处危险废物污染环境违法行为）、交通运输主管部门（各级交通运输主管部门依法查处危险废物运输违反危险货物运输管理相关规定的违法行为）和公安机关应当建立健全协作机制（公安机关依法查处危险废物运输车辆的交通违法行为，打击涉危险废物污染环境犯罪行为），共享危险废物转移联单信息、运输车辆行驶轨迹动态信息和运输车辆限制通行区域信息，加强联合监管执法。

危险废物产生单位在转移危险废物前，应当通过国家危险废物信息管理系统（以下简称信息系统）填写、运行危险废物电子转移联单，并依照国家有关规定公开危险废物转移相关污染环境防治信息。

按照国家有关规定报批危险废物转移计划，经批准后，产生单位应当向移出地环境保护行政主管部门申请领取转移联单。产生单位应当在危险废物转移前三日内报告移出地环境保护行政主管部门，并同时将预期到达时间报告接受地环境保护行政主管部门。

转移联单共分五联，第一联：白色；第二联：红色；第三联：黄色；第四联：蓝色；第五联：绿色，转移联单如图 5-2 所示。

第一部分：废物产生单位填写	
产生单位 ＿＿＿＿＿＿＿＿单位盖章 电话 ＿＿＿＿＿ 通信地址 ＿＿＿＿＿＿＿＿＿＿＿＿ 邮编 ＿＿＿＿＿＿＿＿ 运输单位 ＿＿＿＿＿＿＿＿＿＿＿＿ 电话 ＿＿＿＿＿＿＿ 通信地址 ＿＿＿＿＿＿＿＿＿＿＿＿ 邮编 ＿＿＿＿＿＿＿＿ 接收单位 ＿＿＿＿＿＿＿＿＿＿＿＿ 电话 ＿＿＿＿＿＿＿ 通信地址 ＿＿＿＿＿＿＿＿＿＿＿＿ 邮编 ＿＿＿＿＿＿＿＿ 废物名称 ＿＿＿＿＿＿类别编号＿＿＿＿＿＿包装方式 ＿＿＿＿＿＿＿ 外运目的：中转贮存 　　　利用 　　　处理 　　　处置 主要危险成分 ＿＿＿＿＿＿＿＿＿＿禁忌与应急措施 ＿＿＿＿＿＿＿＿＿＿ 发运人 ＿＿＿＿＿＿运达地 ＿＿＿＿＿转移时间 ＿＿＿年 ＿＿＿月 ＿＿＿日	第一 联 产生 单位
第二部分：废物运输单位填写 运输者须知：你必须核对以上栏目事项，当与实际情况不符时，有权拒绝接收。 第一承运人 ＿＿＿＿＿＿＿＿＿＿转移时间 ＿＿＿年 ＿＿＿月 ＿＿＿日 车（船）型：＿＿＿＿＿＿＿ 牌号 ＿＿＿＿＿＿ 道路运输证号＿＿＿＿＿＿ 运输起点 ＿＿＿＿＿＿＿＿经由地 ＿＿＿＿＿＿＿＿运输终点 ＿＿＿＿＿ 运输人签字＿＿＿＿＿＿＿＿＿＿ 第二承运人 ＿＿＿＿＿＿＿＿＿＿＿ 转移时间＿＿＿年 ＿＿＿月 ＿＿＿日 车（船）型：＿＿＿＿＿＿＿牌号 ＿＿＿＿＿＿ 道路运输证号＿＿＿＿＿＿ 运输起点 ＿＿＿＿＿经由地 ＿＿＿＿＿运输终点 ＿＿＿＿＿运输人签字 ＿＿＿＿＿	
第三部分：废物接收单位填写 接收者须知：你必须核对以上栏目内容，当与实际情况不符时，有权拒绝接收。 经营许可证号 ＿＿＿＿＿＿＿接收人 ＿＿＿＿＿＿＿接收日期＿＿＿＿＿＿ 废物处置方式：利用 　　　贮存 　　　焚烧 　　　安全填埋 　　　其他 单位负责人签字 ＿＿＿＿＿＿＿＿＿单位盖章 　　日期 ＿＿＿＿＿＿＿＿＿	

危险废物转移联单 编号＿＿＿＿＿＿＿＿

图 5-2　危险废物转移联单

　　危险废物转移联单实行全国统一编号，编号由十四位阿拉伯数字组成。第一至四位数字为年份代码；第五、六位数字为移出地省级行政区划代码；第七、八位数字为移出地设区的市级行政区划代码；其余六位数字以移出地设区的市级行政区域为单位进行流水编号。

　　危险废物产生单位每转移一车、船（次）同类危险废物，应当填写一份联单。将联单第一联副联自留存档，将联单第二联副联交移出地环境保护行政主管部门，联单其余各联交付运输单位随危险废物转移运行。

　　危险废物运输单位应当如实填写联单的运输单位栏目，按照国家有关危险物品运输的规定，将危险废物安全运抵联单载明的接收地点，并将联单第一联副联、第二联副联、第三联、第四联、第五联随转移的危险废物交付危险废物接收单位。

　　危险废物接收单位应当按照联单填写的内容对危险废物核实验收，如实填写联单中接收单位栏目并加盖公章。接收单位应当将联单第一联副联、第二联副联自接收危险废物之日起 10 日内交付产生单位，联单第一联副联由产生单位自留存档，联单第二联副联由产生单位在两日内报送移出地环境保护行政主管部门；接收单位将联单第三联交付运输单位存档；将联单第四联自留存档；将联单第五联自接收危险废物之日起两日内报送接收地环境保护行政主管部门。

　　转移危险废物采用联运方式的，前一运输单位须将联单各联交付后一运输单位随危险废物转移运行，后一运输单位必须按照联单的要求核对联单产生单位栏目事项和前一运输单位填写的运输单位栏目事项，经核对无误后填写联单的运输单位栏目并签字。经后一运输单位签字的联单第三联的复印件由前一运输单位自留存档，经接收单位签字的联单第三联由最后一运输单位自留存档。

　　联单保存期限为 5 年；贮存危险废物的，其联单保存期限与危险废物贮存期限相同。

5.5.3　危险废物的越境转移

　　危险废物的越境转移应遵从《控制危险废物越境转移及其处置的巴尔赛公约》的要求。

5.5.3.1　巴尔赛公约的基本原则

　　首先，所有国家都应禁止输入危险废物；其次，应尽量减少危险废物的产生量；再次，对于不可避免而产生的危险废物，应尽可能以对环境无害的方式处置，并应尽量在产生地处置，须帮助发展中国家建立起最有效的管理危险废物的能力；最后，只有在特殊情况下，当危险废物产生国没有合适的处置设施时，才允许将危险废物出口到其他国家，并以对人体健康和环境更为安全的方式处置。

5.5.3.2　控制危险废物越境转移的措施

　　为控制危险废物的越境转移，公约主要采取以下措施：

　　（1）缔约国有权禁止危险废物的出口。

　　（2）建立通知制度，即在酝酿进行危险废物的越境转移时，必须将有关危险废物的详细资料通过出口国主管部门预先通知进出口国和过境国的主管部门，以便有关主管部门对转移的风险进行评价。通知制度是公约的核心内容。

（3）只有在得到进口国和过境国主管部门书面答复同意后，才能允许开始危险废物的越境转移。

（4）如果进口国没有能力对进口的危险废物以对环境无害的方式进行处理，出口国的主管当局有责任拒绝危险废物的出口。

（5）缔约国不得允许向非缔约国出口或从非缔约国进口危险废物，除非有双边、多边或区域协定，而且这些协定与公约的规定相符。

5.6 固体废物的固化和稳定化

5.6.1 固化及稳定化处理技术概述

5.6.1.1 固化及稳定化处理的目的

固化及稳定化处理的目的在于改变废物的工程特性，即增加废物的机械强度，减少废物的可压缩性和渗透性，降低废物中有毒有害组分的毒性（危害性）、溶解性和迁移性，使有害物质转化成物理或化学特性更加稳定的物质，以便于废物的运输、处置和利用，降低废物对环境与健康的风险。

5.6.1.2 固化及稳定化处理的定义

固化及稳定化处理的过程是污染物经过化学转变，引入某种稳定的固体物质的晶格中去，或者通过物理过程把污染物直接渗入惰性基材中去。

5.6.1.3 固化及稳定化处理的原理

固化及稳定化处理的原理主要有包容原理、吸附原理、氧化还原原理等。

A 包容原理

包容也称包埋，是指将有害物质包裹在具有一定强度和抗渗透性的固化基材中，从而阻止水的进入和有害物质的浸出，达到固定的目的。主要方式包括：大型包容技术、微包容技术。

B 吸附原理

吸附是可溶性组分借助于与固体表面的接触而从液相中除去的过程。从吸附类型上看，主要有物理吸附和化学吸附，对于废物固化及稳定化处理，吸附主要指物理吸附。

C 氧化还原原理

通过向废物中添加强氧化剂或强还原剂将有机组分转化为 CO_2 和 H_2O，也可以转化为毒性很小的中间有机物或其他无机物来达到降低或去除毒性的目的。

5.6.1.4 固化及稳定化处理的基本要求

（1）固化体是密实的、具有一定几何形状和稳定的物理化学性质，有一定的抗压强度。

（2）有毒有害组分浸出量满足相应标准要求，即符合浸出毒性标准。

（3）固化体的体积尽可能小，即体积增率尽可能地小于掺入的固体废物的体积。

（4）处理工艺过程简单、便于操作，无二次污染，固化剂来源丰富，价廉易得，处理费用或成本低廉。

（5）固化体要有较好的导热性和热稳定性，以防内热或外部环境条件改变造成固化体自融化或结构破损，污染物泄漏。尤其是放射性废物的固化体，还要有较好的耐辐照稳定性。

5.6.2　危险废物固化处理方法

根据固化基材及固化过程，常用的固化处理方法主要包括：水泥固化；石灰固化；塑性材料固化；有机聚合物固化；自胶结固化；熔融固化（玻璃固化）和陶瓷固化，这些方法已用于处理许多废物。

5.6.2.1　水泥固化

A　水泥固化的基本理论

水泥是最常用的危险废物稳定剂，由于水泥是一种无机胶结材料，经过水化反应后可以生成坚硬的水泥固化体，所以在处理废物时最常用的是水泥固化技术。

水泥固化法应用实例比较多：以水泥为基础的固化及稳定化技术已经用来处置含不同金属的电镀污泥，诸如含 Cd、Cr、Cu、Pb、Ni、Zn 等金属的电镀污泥；水泥也用来处理复杂的污泥，如多氯联苯（氯化联苯，PCBs）、油和油泥，含有氯乙烯和二氯乙烷的废物，多种树脂，被固化及稳定化的塑料、石棉、硫化物以及其他物料。实践证明，用水泥进行的固化及稳定化处置对 As、Cd、Cu、Pb、Ni、Zn 等的稳定化是有效的。

B　水泥固化基材及添加剂

水泥是一种无机胶结材料，由大约 4 份石灰质原料与 1 份黏土质原料制成，其主要成分为 SiO_2、CaO、Al_2O_3 和 Fe_2O_3，水化反应后可形成坚硬的水泥石块，可以把分散的固体填料（如沙石）牢固地黏结为一个整体。

由于废物组成的特殊性，水泥固化过程中常常会遇到混合不均、凝固过早或过晚、操作难以控制等困难，同时所得固化产品的浸出率高、强度较低。为了改善固化产品的性能，固化过程中需视废物的性质和对产品质量的要求，添加适量的必要添加剂。添加剂分为有机添加剂和无机添加剂两大类，无机添加剂有蛭石、沸石、多种黏土矿物、水玻璃、无机缓凝剂、无机速凝剂和骨料等；有机添加剂有硬脂肪酸丁酯、柠檬酸等。

C　水泥固化的工艺过程

水泥固化工艺较为简单，通常是把有害固体废物、水泥和其他添加剂一起与水混合，经过一定的养护时间而形成坚硬的固化体。固化工艺的配方是根据水泥的种类以及废物的处理要求制定的，大多数情况下需要进行专门的实验。影响水泥固化的因素很多，为在各种组分之间得到良好的匹配性能，在固化操作中需要严格控制以下各种条件。

a　pH 值

pH 值对于金属离子的固定有显著的影响，当 pH 值较高时，许多金属离子将形成氢氧化物沉淀，且 pH 值较高时，水中的 CO_3^{2-} 浓度也高，有利于生成碳酸盐沉淀。pH 过高时，金属对应的氢氧化物会变成羟基络合物，溶解度升高。

b　水、水泥和废物的量比

水分过小，则无法保证水泥的充分水合作用；水分过大，则会出现泌水现象，影响固化块的强度。水泥与废物之间的量比需要由实验确定。

c 凝固时间

为确保水泥废物混合浆料能够在混合以后有足够的时间进行输送、装桶或者浇注。必须适当控制初凝时间和终凝时间。通常设置的初凝时间大于2h，终凝时间在48h以内。凝结时间的控制是通过加入促凝剂（偏铝酸钠、氯化钙、氢氧化铁等无机盐）、缓凝剂（有机物、泥沙、硼酸钠等）来完成的。

d 其他添加剂

为使固化体达到良好的性能，还经常加入其他成分。例如，过多的硫酸盐会由于生成水化硫酸铝钙而导致固化体的膨胀和破裂，如加入适当数量的沸石或蛭石，即可消耗一定的硫酸或硫酸盐。为减小有害物质的浸出速率，也需要加入某些添加剂，如可加入少量硫化物以有效地固定重金属离子等。

e 固化块的成型工艺

主要目的是达到预定的力学强度，尤其是当准备利用废物处理后的固化块作为建筑材料时，达到预定强度的要求就变得十分重要，通常需要达到10MPa以上的指标。

D 混合方法及设备

水泥固化混合方法的经验大部分来自核废物处理，近年来逐渐应用于危险废物。混合方法的确定需要考虑废物的具体特性。

a 外部混合法

直接在最终处置使用的容器内进行混合，然后用可移动的搅拌装置混合。其优点是不产生二次污染物，但由于处置所用的容器体积有限（通常所用的200L的桶），不但充分搅拌困难，而且势必需要留下一定的无效空间，大规模应用时，操作的控制也较为困难。该法适用处置危害性大但数量不太多的废物，例如放射性废物，外部加入水泥方法如图5-3所示。

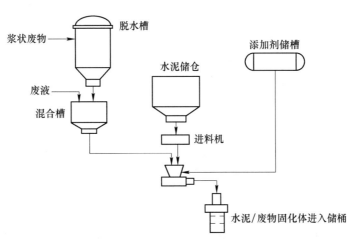

图5-3 外部加入水泥方法

b 注入法

对于原来的粒度较大或粒度十分不均匀、不便进行搅拌的固体废物，可以先把废物放入桶内，然后再将制备好的水泥浆料注入，如图 5-4 所示，如果需要处理液态废物，也可以同时将废液注入。为了混合均匀，可以将容器密闭以后放置以滚动或摆动的方式运动的台架上。但应该注意的是，有时物料的拌和过程会产生气体或放热，从而提高容器的压力。此外，为了达到混匀的效果，容器不能完全充满。

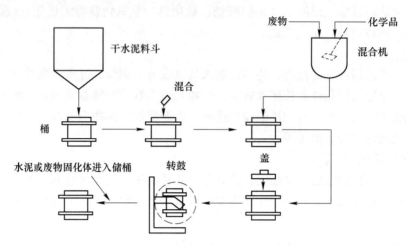

图 5-4　在桶中加入水泥的方法

5.6.2.2　石灰固化

石灰固化是指以石灰、垃圾焚烧飞灰、水泥窑灰以及熔矿炉炉渣等具有波索来反应的物质为固化基材而进行的危险废物固化及稳定化的操作。在适当的催化环境下进行波索来反应，将污泥中的重金属成分吸附于所产生的胶体结晶中。但因波索来反应不似水泥水合作用，石灰系固化处理所能提供的结构强度不如水泥固化，因而较少单独使用。

常用的技术是加入氢氧化钙（熟石灰）的方法使污泥得到稳定。与废物中物质进行反应的结果，石灰中的钙与废物中的硅铝酸根会产生硅酸钙、铝酸钙的水化物，或者硅铝酸钙。与在其他稳定化过程中一样，与石灰同时向废物中加入少量添加剂，可以获得额外的稳定效果（如存在可溶性钡时加入硫酸根）。使用石灰作为稳定剂和使用烟道灰一样，具有提高 pH 值的作用。此种方法也基本上应用于处理重金属污泥等无机污染物。

石灰与凝硬性物料结合会产生能在化学及物理上将废物包裹起来的黏结性物质。天然和人造材料都可以用，包括火山灰和人造凝硬性物料。人造材料如烧过的黏土、页岩和废油页岩、烧过的纱网、烧结过的砂浆和粉煤灰等。化学固定法中最常用的凝硬性物料是粉煤灰和水泥窑灰。这两种物料本身就是废料，因此这种方法具有共同处置的明显优点。对石灰凝硬性物料反应机理的推测认为：凝硬性物料经历着与沸石类化合物相似的反应，即它们的碱离子成分相互交换。另一种解释认为主要的凝硬性反应是由于像水泥的水合作用那样，生成了称为硅酸三钙的新的水合物。

5.6.2.3　塑性材料固化

塑性材料固化法属于有机固化及稳定化处理技术，由使用材料的性能不同可以把该技术划分为热固性塑料包容和热塑性包容两种方法。

A　热固性塑料包容

热固性塑料是指在加热时会从液体变成固体并硬化的材料。它与一般物质的不同之处在于，这种材料即使以后再次加热也不会重新液化或软化。它实际上是一种由小分子变成大分子的交链聚合过程。危险废物也常常使用热固性有机聚合物达到稳定化。它是用热固性有机单体例如脲醛和已经经过粉碎处理的废物充分地混合，在助絮剂和催化剂的作用下产生聚合以形成海绵状的聚合物质，从而在每个废物颗粒的周围形成一层不透水的保护膜。该法的主要优点是与其他方法相比，大部分引入较低密度的物质，所需要的添加剂数量也较小。热固性塑料包容法在过去曾是固化低水平有机放射性废物（如放射性离子交换树脂）的重要方法之一，同时也可用于稳定非蒸发性的、液体状态的有机危险废物。由于需要对所有废物颗粒进行包封，在适当选择包容物质的条件下，可以达到十分理想的包容效果。

此方法的缺点是操作过程复杂，热固性材料自身价格高昂。由于操作中有机物的挥发，容易引起燃烧起火，所以通常不能在现场大规模应用。可以认为该法只能处理小量、高危害性废物，例如剧毒废物、医院或研究单位产生的小量放射性废物等。

B　热塑性材料包容

用热塑性材料包容时可以用熔融的热塑性物质在高温下与危险废物混合，以达到对其稳定化的目的。可以使用的热塑性物质如沥青、石蜡、聚乙烯、聚丙烯等。在冷却以后，废物就为固化的热塑性物质所包容，包容后的废物可以在经过一定的包装后进行处置。在20世纪60年代末期所出现的沥青固化，因为处理价格较为低廉，即被大规模应用于处理放射性的废物。由于沥青具有化学惰性，不溶于水，具有一定的可塑性和弹性，故对于废物具有典型的包容效果。在有些国家，该法被用来处理含危险废物和放射性废物的混合废物，处理后的废物按照放射性废物的标准处置。

该法的主要缺点是在高温下进行操作会带来很多不便之处，而且较耗费能量；操作时会产生大量的挥发性物质，其中有些是有害的物质；另外，有时在废物中含有影响稳定剂的热塑性物质或者某些溶剂，影响最终的稳定效果。

在操作时，通常是先将废物干燥脱水，然后将聚合物与废物在适当的高温下混合，并在升温的条件下将水分蒸发掉。该法可以使用间歇式工艺，也可以使用连续操作的设备。与水泥等无机材料的固化工艺相比，除了污染物的浸出率低外，由于需要的包容材料少，又在高温下蒸发了大量的水分，它的增容率也就较低。

具有代表性的是沥青固化技术，沥青固化的工艺主要包括3个部分（图5-5），即固体废物的预处理、废物与沥青的热混合以及二次蒸汽的净化处理。其中关键的部分是热混合环节。对于干燥的废物，可以将加热的沥青与废物直接搅拌混合；而对于含有较多水分的废物，则通常还需要在混合的同时脱去水分。混合的温度应该控制在沥青的熔点和闪点之间，为150~230℃的范围之内，温度过高时容易产生火灾。在不加搅拌的情况下加热，极易引起局部过热并发生燃烧事故。

5.6.2.4　熔融固化技术

熔融固化技术也称玻璃化技术，是利用热在高温下把固态污染物（如污染土壤、尾矿渣、放射性废料等）熔化为玻璃状或玻璃陶瓷状物质，借助玻璃体的致密结晶结构，确保

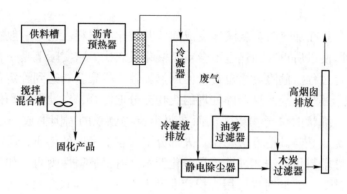

图 5-5　高温混合蒸发沥青固化流程

固化体的永久稳定。污染物经过玻璃化作用后，其中有机污染物将因热解而被摧毁，或转化为气体逸出，而其中的放射性物质和重金属元素则被牢固地束缚于已熔化的玻璃体内。

　　利用熔融固化技术处理固态污染物的优点主要是：

　　（1）玻璃化产物化学性质稳定，抗酸淋滤作用强，能有效阻止其中污染物对环境的危害。

　　（2）固态污染物质经过玻璃化技术处理后体积变小，处置更为方便。

　　（3）玻璃化产物可作为建筑材料被用于地基、路基等建筑行业。

　　迄今的实践证明，玻璃化作用不仅能应用于许多固态（或泥浆态）污染物的熔融固化处理，而且能用于处理含重金属、挥发性有机污染物、半挥发性有机污染物、多氯联苯或二噁英等危险废物的熔融固化处理。另外，该技术在工业重金属污泥的微晶玻璃资源化方面也得到了广泛应用。

5.6.3　固化或稳定化技术的适应性

　　不同种类的废物对不同固化或稳定化技术的适应性不同，具体情况见表 5-4。

表 5-4　不同种类的废物对不同固化或稳定化技术的适应性

废物成分		处理技术			
		水泥固化法	石灰等材料固化法	热塑性微包容法	熔融固化法
有机物	有机溶剂和油	影响凝固	有机气体挥发	加热时有机气体逸出	不适应
	固态有机物（如塑料、树脂、沥青）	可适应，能提高固化体的耐久性	可适应，能提高固化体的耐久性	有可能作为凝结剂来使用	不适应
无机物	酸性废物	水泥可中和酸	可适应，能中和酸	应先进行中和处理	可适应
	氧化剂	可适应	可适应	会引起基料的破坏甚至燃烧	可适应

废物成分		处理技术			
		水泥固化法	石灰等材料固化法	热塑性微包容法	熔融固化法
无机物	硫酸盐	影响凝固,除非使用特殊材料,否则会引起表面剥落	可适应	会发生脱水反应和再水合反应引起泄漏	可适应
	卤化物	很容易从水泥中浸出,妨碍凝固	妨碍凝固,会从水泥中浸出	会发生脱水反应和再水合反应引起泄漏	可适应,通过氧化还原解毒
	重金属盐	可适应	可适应	可适应	可适应
	放射性废物	可适应	可适应	可适应	不适应

5.6.4 固化或稳定化处理效果的评价指标

危险废物在经过固化或稳定化处理以后是否真正达到了标准,需要对其进行有效的测试,以检验经过稳定化的废物是否会再次污染环境,或者固化以后的材料是否能够被用作建筑材料等。为了评价废物稳定化的效果,各国的环保部门都制定了一系列的测试方法。

固化或稳定化处理效果的评价指标主要有浸出率、增容比、抗压强度等。

5.6.4.1 浸出率

浸出率指固化体浸于水中或其他溶液中时,其中有害物质的浸出速度。因为固化体中的有害物质对环境和水源的污染,主要是由于有害物质溶于水所造成的。所以,浸出率是评价无害化程度的指标,表达式为:

$$R_{in} = \frac{\alpha_r / A_0}{(F/M)t}$$

式中 α_r——浸出时间内浸出的有害物质的量;

A_0——样品中含有的有害物质的量;

t——浸出时间;

F——样品暴露的表面积;

M——样品的质量。

5.6.4.2 增容比

增容比指所形成的固化体体积与被固化有害废物体积的比值。增容比是评价减量化程度的指标,其表达式为:

$$C_i = \frac{V_2}{V_1}$$

式中 C_i——增容比;

V_2——固化体体积;

V_1——固化前有害废物的体积。

5.6.4.3 抗压强度

抗压强度指固化体在静压作用下破碎时的负荷值。由于废物经过固化后,通常都要将得到的固化体进行填埋处置或用作填料。为避免出现因破碎和散裂从而增加暴露的表面积和污染环境的可能性，就要求固化体具有一定的结构强度。

对于最终进行填埋处置或装桶贮存的固化体，抗压强度要求较低，一般控制在 1~5MPa；对于准备作建筑基料使用的固化体，抗压强度要求在 10MPa 以上，浸出率也要尽可能低。抗压强度是评价无害化和可资源化程度的指标。

5.7　危险废物的焚烧处理

5.7.1　概述

焚烧可以有效破坏废物中的有毒、有害、有机废物，是实现危险废物减量化、无害化的最快捷、最有效的技术。危险废物焚烧目的是实现危险废物减量化和无害化，并可以回收利用余热。危险废物焚烧是一种昂贵的方法，应优先选择其他技术上和环境上可行的方法，但对某些废物来说是唯一可行的环境无害化处置方法（PCBs，医疗废物，杀虫剂）。单靠焚烧不能解决问题，还需要一系列其他措施：如预处理、残渣处理、气体和训练有素的操作人员来经营；设计和建造危险废物焚烧炉需要实际经验。

5.7.2　危险废物焚烧炉类型及性能指标

5.7.2.1　焚烧炉类型

目前危险废物焚烧处理设施多为石油化工、医药工业和化工企业所拥有，数量不少，但规模不大。国内目前使用的工业危险废物焚烧炉多为旋转窑焚烧炉、液体喷射焚烧炉，其次为热解焚烧炉，也有流化床焚烧炉、多层焚烧炉等。但无论哪种焚烧炉，都应具备表 5-5 所示的性能指标和表 5-6 所示危险废物焚烧炉大气污染排放限值。用于焚烧的技术很多，目前关于焚烧炉技术普遍认为：卧式焚烧炉优于立式，炉排型焚烧炉优于回转窑和流化床焚烧炉，往复式炉排优于链条式炉排焚烧炉，明火燃烧方式优于焖火燃烧方式，合金钢炉排优于球墨铸铁炉排。一般焚烧炉使用年限为 20 年，在焚烧工艺上选择焚烧炉型是一个关键核心。

表 5-5　焚烧炉的技术性能指标

废物类型	焚烧炉温度 /℃	烟气停留时间 /s	燃烧效率 /%	焚毁去除率 /%	焚烧残渣的 热灼减率/%
危险废物	≥1100	≥2.0	≥99.9	≥99.99	<5
多氯联苯	≥1200	≥2.0	≥99.9	≥99.9999	<5
医院临床废物	≥850	≥1.0	≥99.9	≥99.99	<5

表 5-6　危险废物焚烧炉大气污染物排放限值

序号	污染物/kg·h^{-1}	不同焚烧容量时的最高允许排放浓度限值 /mg·m^{-3}		
		≤300kg/h	300~2500kg/h	≥2500kg/h
1	烟气黑度	林格曼 1 级		
2	烟尘	100	80	65

序号	污染物/kg·h⁻¹	不同焚烧容量时的最高允许排放浓度限值 /mg·m⁻³		
		≤300kg/h	300~2500kg/h	≥2500kg/h
3	一氧化碳（CO）	100	80	80
4	二氧化硫（SO₂）	400	300	200
5	氟化氢（FH）	9.0	7.0	5.0
6	氯化氢（HCl）	100	70	60
7	氮氧化物（以 NO₂）计	500		
8	汞及其化合物（以 Hg 计）	0.1		
9	镉及其化合物（以 Cd 计）	0.1		
10	砷、镍及其化合物（以 As+Ni 计）	1.0		
11	铅及其化合物（以 Pb 计）	1.0		
12	铬、锡、锑、铜、锰及其化合物（以 Cr+Sn+Sb+Cu+Mn 计）	4.0		
13	二噁英	0.5TEQ ng/m³		

5.7.2.2 性能指标

A 焚烧炉温度

焚烧炉温度指焚烧炉燃烧室出口中心的温度。

B 烟气停留时间

烟气停留时间指燃烧产生的烟气从最后的空气喷射口或燃烧器出口到换热面（如余热锅炉换热器）或烟道冷风引射出口之间的停留时间。

C 燃烧效率（CE）

燃烧效率（CE）指烟道排出气体中二氧化碳浓度与二氧化碳和一氧化碳浓度之和的百分比。表示为：

$$CE = \frac{[CO_2]}{[CO_2] + [CO]} \times 100\%$$

D 焚毁去除率（DRE）

焚毁去除率（DRE）指某有机物焚烧后所减少的百分比，可表示为：

$$DRE = \frac{W_i - W_0}{W_i} \times 100\%$$

式中 W_i——被焚烧物中某有机物的重量；

W_0——烟道排放气和焚烧残余物中与 W 相应的有机物质的重量之和。

E 热灼减率（P）

热灼减率（P）指焚烧残渣经灼热减少的质量占原焚烧残渣质量分数。其计算方法如下：

$$P = \frac{A - B}{A} \times 100\%$$

式中　P——热灼减率,%;

　　　A——干燥后原始焚烧残渣在室温下的质量,g;

　　　B——焚烧残渣经 600℃(±25℃),3h 灼热后冷却至室温的质量,g。

5.7.3　危险废物焚烧厂址选择条件

焚烧厂址选择应符合城市总体发展规划和环境保护专业规划,符合当地的大气污染防治、水资源保护和自然生态保护要求,并应通过环境影响和环境风险评价。同时选择应综合考虑危险废物焚烧厂的服务区域、交通、土地利用现状、基础设施状况、运输距离及公众意见等因素。

厂址条件应符合下列要求:

(1)不允许建设在《地表水环境质量标准》(GB 3838—2002)中规定的地表水环境质量Ⅰ类、Ⅱ类功能区和《环境空气质量标准》(GB 3095—2012)中规定的环境空气质量一类功能区,即自然保护区、风景名胜区、人口密集的居住区、商业区、文化区和其他需要特殊保护的地区。

(2)焚烧厂内危除废物处理设施距离主要居民区以及学校、医院等公共设施的距离应不小于 800m。

(3)应具备满足工程建设要求的工程地质条件和水文地质条件。不应建在受洪水、潮水或内涝威胁的地区,受条件限制,必须建在上述地区时,应具备抵御 100 年一遇洪水的防洪、排涝措施。

(4)厂址选择时,应充分考虑焚烧产生的炉渣及飞灰的处理与处置,并宜靠近危险废物安全填埋场。

(5)应有可靠的电力供应。

(6)应有可靠的供水水源和污水处理及排放系统。

(7)焚烧厂人流和物流的出入口设置应符合城市交通有关要求,实现人流和物流分离,方便危险废物运输车进出。

(8)焚烧厂生产附属设施和生活服务设施等辅助设施应根据社会化服务原则统筹考虑,避免重复建设。

(9)焚烧厂周围应设置围墙或其他防护栅栏,防止家畜和无关人员进入。

(10)焚烧厂内作业区周围应设置集水池,并且能够收集 25 年一遇暴雨的降水量。

5.7.4　危险废物焚烧工艺流程

一个管理完善的危险废物焚烧厂除了中心部分以外,还有其他一系列非常重要的装置。例如图 5-6 所示的是一个危险废物焚烧厂的块状流程图。要焚烧处理的废物的质量和成分决定了所要采用的燃烧装置和其他装置的设计,如预处理、热量回收、废气回收等。

5.7.5　医疗废物的焚烧处理案例——某市固体废物无害化处理中心医疗废物的处理

5.7.5.1　工艺路线

废物收集→运输→暂存→进料→热解焚烧→烟气换热→烟气急冷→烟气过滤→酸气吸收→二噁英吸附→烟气排放。

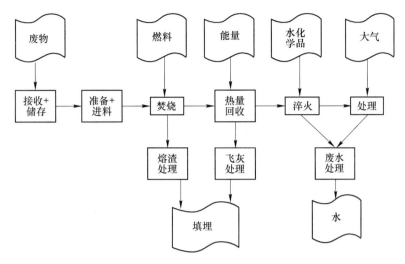

图 5-6 危险废物焚烧工艺流程

5.7.5.2 焚烧装置和关键技术

焚烧装置主要包括以下几部分：进料系统、热解焚烧系统、烟气净化系统、自动控制系统、在线监测系统、应急管理系统等。其中采用了以下几个方面的关键技术。

A 热解焚烧技术

热解焚烧技术在以下几个关键技术做了重大改进，做到了对焚烧的有效控制，以提高废物焚烧的效率。

（1）焚烧温度控制。一燃室、二燃室炉温均控制在 900~1100℃左右。

（2）滞留时间控制。为保证废物及产物全部分解，装置的烟气在二燃室内停留时间大于 2.0s。

（3）焚烧炉炉体材料。炉体采用优质高铝的耐火材料砌成，具有耐腐蚀、耐高温、高强度等优点，可以延长炉体的使用寿命，减少耐火材料的维修次数，降低运行成本。

（4）焚烧炉炉排结构。装置的上、下炉排均为活动炉排，并分为定排和动排，均采用耐高温不锈钢制作，耐磨、耐腐蚀性好。翻动次数、翻转角度可调。该装置运行周期长，故障少，可调性好，操作方便。

（5）有害物质销毁率。高销毁率，主要有害有机组分的破坏去除率 DRE ≥ 99.99%。

（6）空气扰动。为使废物及燃烧产物全部分解，必须加强空气与废物、空气与烟气的充分接触混合，扩大接触面积，使有害物在高温下短时间内氧化分解。焚烧炉有独特的供风系统，对废物的充分燃烧起到了有效的作用。

B 烟气净化技术

采用先干式除尘，再进行湿式酸性气体吸收的工艺路线，既能达到较高的烟气净化效果，又最大限度地减少二次废物的产生量。

烟气净化工艺流程为：烟气急冷 → 袋滤器除尘 → 低能文丘里填料酸气吸收 → 活性炭吸附。

烟气净化技术在以下几个关键技术点上做到了有效控制。

a　烟气急冷

装置中烟气冷却由水冷器、空冷器、喷水急冷塔组成。

水冷器和空冷器主要用于高温段烟气冷却，重点在余热利用，即一方面产生热水供淋浴使用（也可根据用户要求，选用余热锅炉供应蒸汽），另一方面将助燃空气加热到200~300℃左右送入焚烧炉，以提高焚烧效率、降低助燃油的消耗量。

采用喷水急冷的方法，即通过高效雾化喷水将少量冷却水雾化成极小的雾滴与烟气直接进行热交换而变成水蒸气，在1.0s之内快速将烟气冷却到200℃以下。在以往技术的基础之上又进行了改进，即将冷却水改为碱液（Na_2CO_3溶液），可同时进行酸性气体的中和净化。

b　袋滤器除尘

采用可在160~200℃下工作的特殊滤材作为过滤介质，它对于微米级的粉尘离子具有很高的过滤效率；表面光滑、耐腐蚀，耐温高，尘饼易于脱落，有利于清灰。

c　低能文丘里和填料吸收

采用Na_2CO_3溶液作为吸收液，吸收液循环使用，待吸收液接近中性（pH值约为8）后排出，然后再补充配制的新碱液。废吸收液可外送到专业污水处理厂进行处理。

d　活性炭粉吸附床

在工艺设计中采取了以下几点抑制二噁英产生及净化的措施：

（1）采用热解焚烧工艺，燃烧完全程度高，飞灰量低。

（2）燃烧炉温度维持在900~1100℃的高温范围（文献报道，二噁英在850℃以上即发生分解）。

（3）中温段（≤600℃）的烟气采用喷水急冷方式，快速跨过烟气中的二噁英生成段。

（4）使用预敷活性炭的高效袋滤器进行捕集。

采取上述措施后，正常情况下应该可以满足二噁英的净化要求，但是，考虑到废物组成的波动性、袋滤器反吹清灰时活性炭预敷的滞后性、焚烧系统启动及停车状态下的不稳定性，在装置的末端增设一级后备式活性炭吸附器，确保二噁英的达标排放。间隔一段时间后更换下的废活性炭可返回焚烧炉中高温焚烧处理。

C　辅助燃烧技术

辅助燃烧技术具有全自动管理燃烧程序、火焰检测、自动判断与提示故障等功能；出口油压稳定，燃烧均匀充分无烟炱；根据焚烧炉设定温度进行自动补偿；节省能源消耗，低成本运行。实现了自热式热解和燃气预燃烧，绝大部分情况下，无须外加辅助燃料助燃，较国内其他同类产品运行成本明显降低。

D　安全防腐措施

根据物料的化学成分，物料在焚烧后的烟气中含有粉尘、HCl、NO_x、水蒸气等复杂组分，酸碱交替，冷热交替，干湿交替，腐蚀与磨损并存，设备必须承受多种多样的物理化学温度和机械负荷，特别是其中的HCl是导致设备腐蚀的主体。因此，设备的防腐直接关系到设备的使用寿命。系统在安全防腐技术上的最大特点是根据不同温度采取了分段式防腐措施，同时采取如下防护措施：

（1）耐火炉衬：一燃室和二燃室用抗腐蚀耐火材料砌筑而成。

（2）炉排采用耐高温不锈钢，它具有耐腐蚀、耐高温、耐机械磨损的性能。

（3）烟道：在高温段连接各设备的烟道均采用耐酸耐火浇筑材料作为烟道内衬，低温段控制烟气温度在露点以上，防止烟气结露，造成腐蚀。

（4）喷雾吸收设备为衬胶结构，以防止酸碱腐蚀。

（5）碱液循环冷却系统采用 ABS 和聚丙烯，有效地防止了酸碱腐蚀。

E　装置应急系统

采取了由应急电源、应急引风机、应急控制系统等组成的应急系统。其作用主要是：

（1）在系统运行发生突然停电情况下应急系统自动启动，以保证装置内已投入的物料安全焚烧。

（2）在设备检修过程中启动应急系统可使焚烧主工艺系统处于负压状态，以防有害气体的外逸，提高检修人员的安全性。

5.8　危险废物的填埋处置

5.8.1　危险废物的填埋处置技术

目前常用的危险废物填埋处置技术主要包括共处置、单组分处置、多组分处置和预处理后再处置四种。

5.8.1.1　共处置

共处置就是将难以处置的危险废物有意识地与生活垃圾或同类废物一起填埋。主要的目的就是利用生活垃圾或同类废物的特性，以减弱所处置危险废物的组分所具有的污染性和潜在危害性，达到环境可承受的程度。但是，目前在生活垃圾填埋场，生活垃圾或同类废物与危险废物共同处置已被许多国家禁止。我国生活垃圾卫生填埋标准也明确规定危险废物不能进入生活垃圾之中。

5.8.1.2　单组分处置

单组分处置是指采用填埋场处置物理、化学形态相同的危险废物，废物处置后可以不保持原有的物理形态。

5.8.1.3　多组分处置

多组分处置是指在处置混合危险废物时，应确保废物之间不发生反应，从而不会产生毒性更强的危险废物，或造成更严重的污染。其包括类型有：

（1）将被处置的混合危险废物转化成较为单一的无毒废物，一般用于化学性质相异而物理状态相似的危险废物处置。

（2）将难以处置的危险废物混在惰性工业固体废物中处置。

（3）将所接收的各种危险废物在各自区域内进行填埋处置。

5.8.1.4　预处理后再处置

预处理后再处置就是将某些物理、化学性质不适于直接填埋处置的危险废物，先进行预处理，使其达到入场要求后再进行填埋处置。目前的预处理的方法有脱水、固化、稳定化技术等。

5.8.2　危险废物安全填埋场结构

5.8.2.1　危险废物安全填埋场结构特征

填埋场按其场地特征可分为平地型填埋场和山谷型填埋场；按其填埋场基底标高，又可分为地上填埋场和凹坑填埋场。危险废物采用安全填埋场，全封闭型危险废物安全填埋场剖面，如图 5-7 所示。

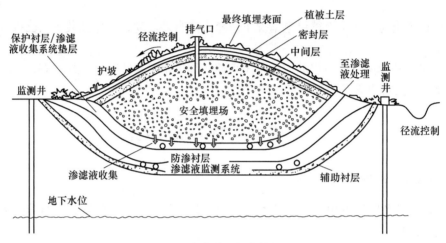

图 5-7　安全填埋场结构剖面

安全填埋场是处置危险废物的一种陆地处置设施，它由若干个处置单元和构筑物组成。处置场有界限规定，主要包括废物预处理设施、废物填埋设施和渗滤液收集处理设施。它可将危险废物和渗滤液与环境隔离，将废物安全保存数十年甚至上百年的相当长一段时间。

安全填埋场必须设置满足要求的防渗层，防止造成二次污染，一般要求防渗层最底层应高于地下水位，减少渗滤液的产生量，设置渗滤液集排水系统、监测系统和处理系统；对易产生气体的危险废物填埋场，应设置一定数量的排气孔、气体收集系统、净化系统和报警系统。填埋场运行管理单位应自行或委托其他单位对填埋场地下水、地表水、大气进行定期监测，还要认真执行封场及其管理，从而达到使处置的危险废物与环境隔绝的目的。

需要强调的是，有些国家要求安全填埋场将废物填埋于具有刚性结构的填埋场内，其目的是借助此刚性体保护所填埋的废物，以避免因地层变动、地震或水压、土压等应力作用破坏填埋场，而导致废物的失散及渗滤液的外泄。刚性体安全填埋场构造如图 5-8 所示。采用刚性结构的安全填埋场其刚性体的设计需遵循以下设计要求。

（1）材质。人工材料如混凝土、钢筋混凝土等结构；自然地质可资利用的天然岩磐或岩石。

（2）强度。应具有单轴压缩强度在 245kg/cm^2 以上。

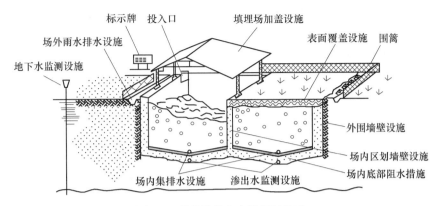

图 5-8　刚性结构安全填埋场构造

（3）厚度。作为填埋场周围的边界墙厚度至少达 15cm 厚；单体间的隔墙厚度至少达 10cm 厚。

（4）面积。每单体的填埋面积以不超过 50m² 为原则。

（5）体积。每一单体的填埋容积以不超过 250m³ 为原则。

（6）在无遮雨设备的条件下，废物在实施安全填埋作业时，以一次完成一个填埋单体为原则；为避免产生巨大冲击力，填埋时应以抓吊方式作业，当贮存区饱和后，即实施刚性体的封顶工程。

5.8.2.2　危险废物安全填埋场防渗层结构

根据《危险废物填埋污染控制标准》（GB 18598—2019），安全填埋场防渗层的结构设计根据现场条件分别采用天然材料衬层、复合衬层或双人工衬层等类型，其结构示意如图 5-9 所示。

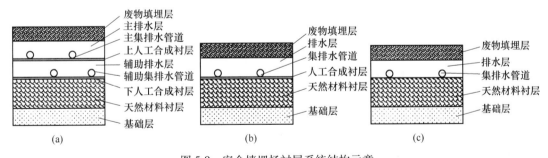

图 5-9　安全填埋场衬层系统结构示意
（a）双人工衬层；（b）复合衬层；（c）天然材料衬层

（1）安全填埋场防渗层所选用的材料应与所接触的废物相容，并考虑其抗腐蚀性。

（2）安全填埋场天然基础层的饱和渗透系数不应大于 10^{-5}cm/s，且其厚度不应小于 2m。

（3）安全填埋场应根据天然基础层的地质情况分别采用天然材料衬层、复合衬层或双人工衬层作为其防渗层。

（4）如果天然基础层饱和渗透系数小于 10^{-7}cm/s，且厚度大于 5m，可以选用天然材料衬层。天然材料衬层经机械压实后的饱和渗透系数不应大于 10^{-7}cm/s，厚度不应小于 1m。

（5）如果天然基础层饱和渗透系数小于 10^{-6} cm/s，可以选用复合衬层。

（6）如果天然基础层饱和渗透系数大于 10^{-6} cm/s，则必须选用双人工衬层。双人工衬层必须满足下列条件：天然材料衬层经机械压实后的渗透系数不大于 10^{-7} cm/s，厚度不小于 0.5m；上人工合成衬层可以采用 HDPE 材料，厚度不小于 2.0mm；下人工合成衬层可以采用 HDPE 材料，厚度不小于 1.0mm，衬层要求的其他指标同上条。

5.8.3　危险废物安全填埋场的基本要求

5.8.3.1　安全填埋场场址的选择要求

安全填埋场比卫生填埋场有更高的要求。安全填埋场场址应符合的要求有：

（1）位于地下水和饮用水水源地主要补给区范围之外，且下游无集中供水井。

（2）地下水位应在不透水层 3m 以下。

（3）天然地层岩性相对均匀、面积广、厚度大、渗透率低。

（4）填埋场场址距飞机场、军事基地的距离应在 3000m 以上，距地表水域的距离应大于 150m，其场界应位于居民区 800m 以外，并保证在当地气象条件下对附近居民区大气环境不产生影响。

（5）填埋场作为永久性的处置设施，封场后除绿化以外不能作他用。

5.8.3.2　危险废物入场要求

A　可直接入场填埋的废物

测得的废物浸出液中有一种或一种以上有害成分浓度超过表 5-7 中浸出毒性鉴别标准值，并低于表 5-7 中稳定化控制限值的废物。

表 5-7　危险废物允许进入安全填埋场的控制限值

序号	项　目	浸出毒性鉴别标准值 /mg·L^{-1}	稳定化控制限值 /mg·L^{-1}
1	有机汞	不得检出	0.001
2	汞及其化合物（以总汞计）	0.05	0.25
3	铅（以总铅计）	3	5
4	锡（以锡铅计）	0.3	5
5	总铬	10	12
6	6 价铬	1.5	2.5
7	铜及其化合物（以总铜计）	50	75
8	锌（以总锌计）	50	75
9	铍（以总铍计）	0.1	0.2
10	钡（以总钡计）	100	150
11	镍（以总镍计）	10	15
12	砷（以总砷计）	1.5	2.5
13	无机氟化物（不包括氟化钙）	50	100
14	氰化物（以 CN 计）	1.0	5

B 需经预处理后方能入场填埋的废物

（1）测得的废物浸出液 pH 值为 7.0～12.0 的废物。

（2）测得废物浸出液中任何一种有害成分浓度不超过表 5-7 中控制限值的废物。

（3）含水率低于 60% 的废物。

（4）不再具有反应性、易燃性的废物。

（5）水溶性盐总量小于 10% 的废物。

（6）有机质含量小于 5% 的废物。

C 禁止填埋的废物

（1）医疗废物。

（2）与衬层具有不相容性反应的废物。

（3）液态废物。

5.8.3.3 填埋场运行管理要求

安全填埋场要制订一套简明的运行计划，这是确保填埋场顺利运行的关键。运行计划不仅要满足常规运行，还要提出应急措施，以保证填埋场能够被有效利用和环境安全。填埋场运行应满足的基本要求包括：

（1）入场的危险废物必须符合填埋物入场要求，或须进行预处理达到填埋场入场要求。

（2）填埋场运行中应进行每日覆盖。避免在填埋场边缘倾倒废物，散状废物入场后要进行分层碾压，每层厚度视填埋容量和场地情况而定。

（3）填埋工作面应尽可能小，使其能够得到及时覆盖。

（4）废物堆填表面要维护最小坡度，一般为 1:3（垂直:水平）。

（5）必须设有醒目的标志牌，应满足《环境保护图形标志—固体废物贮存（处置）场》（GB 15562.2—1995）的要求，以指示正确的交通路线。

（6）每个工作日都应有填埋场运行情况的记录，内容包括设备工艺控制参数，入场废物来源、种类、数量，废物填埋位置及环境监测数据等。

（7）填埋场运行管理人员应参加环境保护行政主管部门组织的岗位培训，合格后上岗。

5.8.3.4 填埋场污染控制要求

严禁将集排水系统收集的渗滤液直接排放，必须对其进行处理并达到《污水综合排放标准》（GB 8978—1996）中第一类污染物最高允许排放浓度的要求及第二类污染物最高允许排放浓度标准的要求后方可排放。渗滤液第二类污染物排放控制项目主要有 pH 值、悬浮物、五日生化需氧量、化学需氧量、氨氮、磷酸盐（以 P 计），并且必须防止渗滤液对地下水造成污染，对于填埋场地下水污染评价指标及其限值按照《地下水质量标准》（GB/T 14848—1993）执行。

填埋场排出的气体应按照《大气污染物综合排放标准》（GB 16297—1996）中无组织排放的规定执行，监测因子应根据填埋废物特性由当地环境保护行政主管部门确定，必须是具有代表性，能表示废物特性的参数。在作业期间，噪声控制应按照《工业企业厂界噪声标准》（GB 12348—2008）的规定执行。

5.8.3.5　封场及封场后的维护管理要求

当填埋场处置的废物数量达到填埋场设计容量时，无法再填入危险固体废物，应实行填埋封场，并一定要在场地铺设覆盖层。填埋场的最终覆盖层为多层结构，包括：

（1）底层（兼作导气层）：厚度不应小于20cm，倾斜度不小于2%，由透气性好的颗粒物质组成。

（2）防渗层：天然材料防渗层厚度不应小于50cm，渗透系数不小于1×10^{-7}cm/s，若采用复合防渗层，人工合成材料层厚度不应小于1.0mm，天然材料层厚度不应小于30cm。

（3）排水层及排水管网：排水层和排水系数的要求与底部渗滤液集排水系统相同，设计时采用的暴雨重现期不得低于50年。

（4）保护层：保护层厚度不应小于20cm，由粗砥性坚硬鹅卵石组成。

（5）植被层：植被层厚度一般不应小于60cm，其土质应有利于植物生长和场地恢复。同时植被层的坡度不应超过33%，在坡度超过10%的地方，必须建造水平台阶，坡度小于20%时，标高每升高3m，建造一个台阶，坡度大于20%时，标高每升高2m，建造一个台阶，台阶应有足够的宽度和坡度，要能经受暴雨的冲刷。

封场后管理主要是为了完成废物稳定化过程，防止场内发生难以预见的反应。封场后管理阶段一般规定要延续到30年。

封场后例行检查项目、频率和可能遇到的问题见表5-8。在封场后的长时间内，填埋场运行期间建立的，封场后仍然保留的设施应得到维护。

表5-8　封场后例行检查项目、频率和可能遇到的问题

检查项目	检查频率	可能遇到的问题
覆盖层	每年1次，每次大雨过后	合成膜衬层因腐蚀而裸露，塌方
植被	每年4次	植物死亡
边坡	每年4次	长期积水
地表水控制系统	每年4次，再次大雨之后	排水管破裂或垃圾堵塞
气体监测系统	按填埋场后期管理计划规定连续进行	出现异味，压实器故障，气体浓度异常，监测井管道破裂
地下水监测系统	按设备要求和填埋场后期管理计划进行	监测井破坏，采样设施故障
渗滤液收集处理系统	按填埋场后期管理计划规定进行	渗滤液收集泵故障，渗滤液收集管道堵塞

5.8.4　危险废物安全填埋的意义

填埋处置的主要功能是废物经适当的填埋处置后，尤其是对于卫生填埋，因废物本身的特性与土壤、微生物的物理及生化反应，形成稳定的固体（类土质、腐殖质等）、液体（有机性废水、无机性废水等）及气体（甲烷、二氧化碳、硫化氢等）等产物，其体积则逐渐减少而性质趋于稳定。因此，填埋法的最终目的是将废物妥善贮存，并利用自然界的净化能力，使废物稳定化、卫生化及减量化。因此，填埋场应具备下列功能：

（1）贮存功能。具有适当的空间以填埋、贮存废物。

（2）阻断功能。以适当的设施将填埋的废物及其产生的渗滤液、废气等与周围的环境隔绝，避免其污染环境。

（3）处理功能。具有适当的设备以有效且安全的方式使废物趋于稳定。

（4）土地利用功能。借助填埋利用低洼地、荒地或贫瘠的农地等，以增加可利用的土地。

5.9　本章小结

本章着重介绍了危险废物的来源、分类、危害特性和危险废物的分析与鉴别，危险废物的运输、贮存和转移管理要求以及危险废物焚烧和安全填埋技术，重点是掌握危险废物的分析与鉴别，运输、贮存和转移管理要求。

思考练习题

5-1　名词解释

　　危险废物；固化；稳定化；增容比。

5-2　简述对危险废物的贮存容器的具体要求。

5-3　简述国内危险废物转移的要求。

5-4　简述危险废物的固化、稳定化处理原理和水泥固化的应用。

5-5　危险废物焚烧场场址的选择要求有哪些？

5-6　安全填埋场场址的选择要求有哪些？

5-7　如何才能对危险废物加强管理以及规范化处置？

6 固体废物的监测

课前思考预习
1. 在日常生活中有没有见过采集固体废物？
2. 固体废物采集是否容易？

6.1 固体废物样品的采集和制备

固体废物的监测包括：采样计划的设计和实施、分析方法、质量保证等。为了使采集样品具有代表性，在采集之前要调查研究生产工艺过程、废物类型、排放数量、堆积历史、危害程度和综合利用情况，如果采集危险废物则应根据其有害特性采取相应的安全措施。

6.1.1 固体废物样品的采集

为了确保固体废物的监测数据准确，采集的固体废物应具有代表性。应注意：采样工具、采样地点和采样个数的选择，份样个数和份样量的确定。

6.1.1.1 采样工具

固体废物采样工具包括：尖头钢锹、钢尖镐、采样铲、带盖采样桶或内衬塑料的采样袋。

6.1.1.2 采样程序

（1）根据固体废物批量大小确定应采的份样（由一批废物中的一个点或一个部位，按规定量取出的样品）个数。

（2）根据固体废物的最大粒度（95%以上能通过的最小筛孔尺寸）确定份样量。

（3）根据采样方法，随机采集份样，组成总样（图6-1），并认真填写采样记录表。

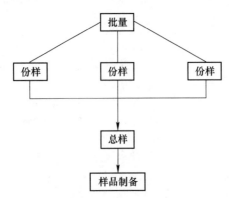

图6-1　采样示意图

6.1.1.3　份样个数

按表 6-1 确定应采份样个数。

6.1.1.4　份样量

按表 6-2 确定每个样应采的最小质量。所采的每个样量应大致相等，其相对误差不大于 20%。表中要求的采样铲容量为保证一次在一个地点或部位能取到足够数量的采样量。液态废物的份样量以不小于 100mL 的采样瓶（或采样器）所盛量为宜。

表 6-1　批量大小与最少份样个数

批量大小（单位：液体 1kL、固体 1t）	最少份样个数
小于 5	5
5~50	10
50~100	15
100~500	20
500~1000	25
1000~5000	30
大于 5000	35

表 6-2　份样量和采样铲容量

最大粒度/mm	最小份样质量/kg	采样铲容量/mL
大于 150	30	—
100~150	15	16000
50~100	5	7000
40~50	3	1700
20~40	2	800
10~20	1	300
小于 10	0.5	125

份样量可根据切乔特经验公式（又称缩分公式）计算：

$$Q = Kd^a$$

式中　Q——应采的最小样品量，kg；

d——固体废物最大颗粒直径，mm；

K——缩分系数；

a——经验常数。

K、a 都是经验常数，与固体废物的种类、均匀程度和易破碎程度有关。一般矿石的 K 值介于 0.05~1 之间，固体废物越不均匀，K 值就越大。a 的数值介于 1.5~2.7，一般由实验确定。

6.1.1.5　采样方法

A　现场采样

在生产现场采样，首先应确定样品的批量，然后按下式计算出采样间隔，进行流动间隔采样：

$$采样间隔 \leq \frac{批量(t)}{规定的份样数}$$

采第一个份样时，不准在第一间隔的起点开始，可在第一间隔内任意确定。

B　运输车及容器采样

在运输一批固体废物时，当车数不多于该批废物规定的份样数时，每车应采份样数可按下式计算。当车数多于规定的份样数时，按表 6-3 选出所需最少的采样车数，然后从所选车中各随机采集一个份数：

$$每车应采样份数 \leq \frac{规定份样数}{车数}$$

在车中，采样点应均匀分布在车厢的对角线上（图 6-2），端点距车角应大于 0.5m，表层去掉 30cm。

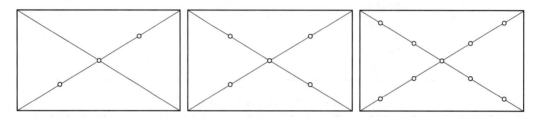

图 6-2　车厢中的采样布点

对于一批若干容器盛放的废物，按表 6-3 选取最少容器数，并且每个容器中均随机采两个样品。

表 6-3　所需最少的采样车数表

车数（容器）	所需最少采样车数
小于 10	5
10~25	10
25~50	20
50~100	30
大于 100	50

当把一个容器作为一个批量时，就按表 6-1 中规定的最少份样数的 1/2 确定；当把 2~10 个容器作为一个批量时，就按下式确定最少容器数：

$$最少容器数 = \frac{表\ 6\text{-}1\ 中规定的最少份样量}{容器数}$$

C　废渣堆采样

在渣堆两侧距堆底 0.5m 处画第一条横线，然后每隔 0.5m 画一条横线；再每隔 2m 画一条横线的垂线，其交点作为采样点。按表 6-1 确定的份样数，确定采样点数，在每点上从 0.5~1.0m 深处各随机采样一份（图 6-3）。

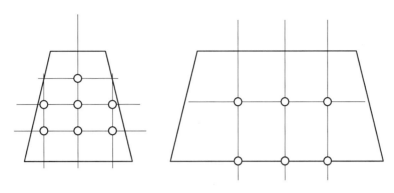

图 6-3 废渣堆采样点的分布

6.1.2 固体废物样品的制备

样品的制备同样对确保固体废物监测数据的准确性很重要，要合理使用制样工具，严格按照制样程序和要求进行操作。

6.1.2.1 制样工具

制样工具包括粉碎机（破碎机）、药碾、钢锤、标准套筛、十字分样板、机械缩分器。

6.1.2.2 制样要求

制样要求如下：

（1）制样过程中，应防止样品产生任何化学变化和污染，若制样过程中可能对样品的性质产生显著影响，则应尽量保持原来状态。

（2）湿样品应在室温下自然干燥，使其达到适于破碎、筛分、缩分的程度。

（3）制备的样品应过筛后（筛孔为 5mm），装瓶备用。

6.1.2.3 制样程序

（1）室温下自然干燥，避免阳光直射。

（2）用机械或人工方法把全部样品逐级破碎，通过 5mm 筛孔。粉碎过程中，不可随意丢弃难于破碎的粗粒。

（3）全部通过 5mm 筛孔，不可随意丢弃难于破碎的粗粒。

（4）将样品置于清洁平整不吸水的板面上堆成圆锥形，每铲物料自圆锥顶端落下，使均匀地沿锥尖散落，不可使圆锥中心错位。反复转堆，至少 3 周，使其充分混合。然后将圆锥顶端轻轻压平，摊开物料后，用十字板自上压下，分成 4 等份，取两个对角的等份，重复操作数次，直至不少于 1kg 试样为止。在进行各项有害特性鉴别试验前，可根据要求的样品量进行进一步缩分。样品的制备过程如图 6-4 所示。

6.1.2.4 样品水分的测定

称取样品 20g 左右，测定无机物时可在 105℃下干燥，恒重至±0.1g，测定水分含量。测定样品中的有机物时应于 60℃下干燥 24h，确定水分含量。固体废物测定结果以干样品计算，当污染物含量小于 0.1% 时以 mg/kg 表示，含量大于 0.1% 时则以百分含量表示，并说明是水溶性或总量。

$$水分含量 = \frac{m_{容器+湿样} - m_{容器}}{m_{容器+干样} - m_{容器}} \times 100\%$$

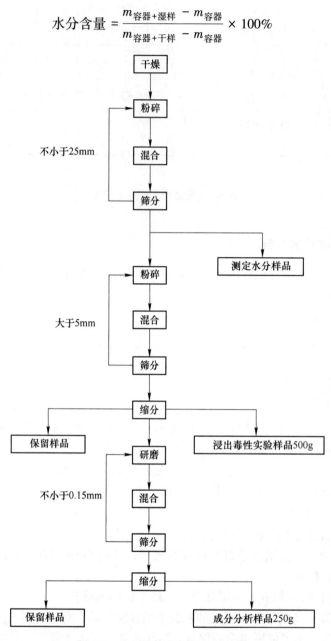

图 6-4　工业固体废物样品制备图

6.1.2.5　样品的运输和保存

样品在运送过程中，应避免样品容器的倒置和倒放。

制好的样品密封于容器中保存（容器应对样品不产生吸附、不使样品变质），贴上标签备用。标签上应注明：编号、废物名称、采样地点、批量、采样人、制样人、时间。特殊样品，可采取冷冻或充惰性气体等方法保存。

制备好的样品，一般有效保存期为 3 个月，易变质的试样不受此限制。

最后，填好采样记录表（表 6-4）一式三份，分别存于有关部门。

表6-4 采样记录表

样品登记号		样品名称	
采样地点		采样数量	
采样时间		废物所属单位名称	
样品现场简述			
废物产生过程简述			
样品可能含有的主要有害成分			
样品保存方式及注意事项			
样品采集人及接收人			
备注			
			负责人签字

6.2 固体废物有害特性监测

6.2.1 急性毒性

有害废物中会有多种有害成分，组分分析难度较大。急性毒性的初筛试验可以简便地鉴别并表达其综合急性毒性，急性毒性是指一次投给实验动物的毒性物质，半致死量（LD_{50}）小于规定值的毒性，方法如下：

（1）以体重18~24g的小白鼠（或200~300g大白鼠）作为实验动物。若是外购鼠，必须在本单位饲养条件下饲养7~10d，仍活泼健康者方可使用。实验前8~12h和观察期间禁食。

（2）称取准备好的样品100g。置于500mL带磨口玻璃塞的三角瓶中，加入100mL（pH值为5.8~6.3）的水（固液比为1:1），震摇3min，于温室下静止浸泡24h，用中速定量滤纸过滤，滤液留待灌胃用。

（3）灌胃采用1（或5）mL注射器，注射针采用9（或12）号，去针头，磨光，弯曲成新月形。对10只小白鼠（或大白鼠）进行一次性灌胃，灌胃量为小白鼠不超过0.4mL/20g（体重），大白鼠不超过1.0mL/100g（体重）。

（4）对灌胃后的小白鼠（或大白鼠）进行中毒症状的观察，记录48h内实验动物的死亡数目。根据实验结果，如出现半数以上的小白鼠（或大白鼠）死亡，则可判定该废物是具有急性毒性的危险废物。

6.2.2 易燃性

易燃性是指闪点低于60℃的液态废物和经过摩擦、吸湿等自发的化学变化或在加工制造过程中有着火趋势的非液态废物，由于燃烧剧烈而持续，以至于会对人体和环境造成危害的特性。鉴别易燃性的方法是测定闪点。

6.2.2.1 采用仪器

应采用闭口闪点测定仪，常用的配套仪器有温度计和防护屏：

（1）温度计。温度计采用 1 号温度计（-30~170℃）或 2 号温度计（100~300℃）。

（2）防护屏。采用镀锌铁皮制成，高度 550~650mm，宽度以适用为度，屏身内壁漆成黑色。

6.2.2.2　测定步骤

按标准要求加热试样至一定温度，停止搅拌，每升高 1℃点火一次，至试样上方刚出现蓝色火焰时，立即读出温度计上的温度值，该值即为测定结果。

操作过程的细节可参阅《闪点的测定　宾斯基-马丁闭口杯法》（GB/T 261—2008）。

6.2.3　腐蚀性

腐蚀性指通过接触能损伤生物细胞组织，或使接触物质发生质变，使容器泄漏而引起危害的特性。测定方法一种是测定 pH 值，另一种是测定在 55.7℃ 以下对钢制品的腐蚀率。现介绍 pH 值的测定。

6.2.3.1　仪器

采用 pH 值计或酸度计，最小刻度单位在 0.1pH 值单位以下。

6.2.3.2　方法

用与待测样品 pH 值相近的标准溶液校正 pH 值计，并加以温度补偿：

（1）对含水量高、呈流态状的稀泥或浆状物料，可将电极直接插入进行 pH 值测量。

（2）对黏稠状物料可离心或过滤后，测其滤液的 pH 值，对粉、粒、块状物料，称取制备好的样品 50g（干基），置于 1L 塑料瓶中，加入新鲜蒸馏水 250mL，使固液比为 1:5，加盖密封后，放在振荡机上〔振荡频率（120±5）次/min，振幅 40mm〕于室温下连续振荡 30min，静置 30min 后，测上清液的 pH 值，每种废物取 3 个平行样品测定其 pH 值，差值不得大于 0.15，否则应再取 1~2 个样品重复进行试验，取中位值报告结果。

（3）对于高 pH 值（9 以上）或低 pH 值（2 以下）的样品，两个平行样品的 pH 值测定结果允许差值不超过 0.2，还应报告环境温度、样品来源、粒度级配，以及试验过程的异常现象、特殊情况试验条件的改变及原因。

6.2.4　反应性

反应性是指在通常情况下固体废物不稳定，极易发生剧烈的化学反应，或与水反应猛烈，或形成可爆炸性的混合物，或产生有毒气体的特性。测定方法包括撞击感度实验、摩擦感度实验、差热分析实验、爆炸点测定、火焰感度测定、温升实验和释放有毒有害气体实验等。现介绍释放有害气体的测定方法。

6.2.4.1　反应装置

反应装置有：

（1）250mL 高压聚乙烯塑料瓶，另配橡皮塞（将塞子打一个 6mm 的孔），插入玻璃管。

（2）振荡器采用调速往返式水平振荡器。

（3）100mL 注射器，配 6 号针头。

6.2.4.2　实验步骤

称取固体废物 50g（干重），置于 250mL 的反应容器内，加入 25mL 水（用 1mol/L HCl

调节 pH 值为 4），加盖密封后，固定在振荡器上，振荡频率为（110±10）次/min，振荡 30min 后停机，静置 10min。用注射器抽气 50mL，注入不同的 5mL 吸收液中，测定其硫化氢、氰化氢等气体的含量。第 n 次抽 50mL 气体测量校正值：

$$校正值(mg/L) = 测得值 \times (275/225)^n$$

式中　225——塑料瓶空间体积，mL；

　　　275——塑料瓶空间体积和注射器体积之和，mL。

6.2.4.3　硫化氢的测定

A　原理

含有硫化物的废物当遇到酸性水或酸性工业有害固体废物遇水时便可使固体废物中的硫化物释放出硫化氢气体：

$$MS + 2HCl \longrightarrow MCl_2 + H_2S$$

醋酸锌溶液可吸收硫化氢气体，在含有高铁离子的酸性溶液中，硫离子与对氨基二甲基苯胺生成亚甲基蓝，其蓝色与硫离子含量成比例。本方法测定硫化氢气体的下限为 0.0012mg/L。

B　样品测定

在固体废物与水反应的反应管中，用 100mL 注射器抽气 50mL，注入盛有 5mL 吸收液（醋酸锌、醋酸钠溶液）的 10mL 比色管中摇匀。加入 0.1% 对氨基二甲基苯胺溶液 1.0mL，12.5% 硫酸高铁铵溶液 0.20mL，用水稀释至标线，摇匀。15~20min 后用 1cm 比色皿，以试剂空白为参比在 665nm 波长处测吸光度。在校准曲线上查出含量。

C　结果计算

$$硫化氢浓度(S^{2-}, mg/L) = 测得硫化物量(\mu g) \times (275/225)^n / 注气体积(mL)$$

式中　n——抽气次数。

6.2.4.4　氰化氢的测定

A　原理

含氰化物的固体废物，当遇到酸性水时，可放出氰化氢气体，用氢氧化钠溶液吸收氰化氢气体。在 pH 值为 7 时，氰离子与氯胺 T 反应生成氯化氰，而后与异烟酸作用，并经水解而生成戊烯二醛，再与吡唑啉酮进行缩合反应，生成蓝色的染料，其色度与氰化物浓度成正比，依此可测得氰化氢的含量。本法的检测下限 0.007mL/L。

B　样品测定

取固体废物与水反应生成的气体 50mL，注入 5mL 的吸收液中（氢氧化钠溶液），加入磷酸盐缓冲溶液 2mL，摇匀。迅速加入 1% 氯胺 T 0.2mL，立即盖紧塞子，摇匀。反应 5min 后加入异烟酸吡唑啉酮 2mL，摇匀，用水定容至 10mL。在 40℃ 左右水浴上显色，颜色由红→蓝→绿蓝。以空白作参比，用 1cm 比色皿，在 638nm 波长处测定吸光度。在校正曲线上查得氰化物的含量。

C　结果计算

$$氰化氢浓度(CN^-, mg/L) = 测得氰化物量(\mu g) \times (275/225)^n / 注气体积(mL)$$

式中　n——抽气次数。

6.2.5　浸出毒性

固体废物受到水的冲淋、浸泡，其中有害成分将会转移到水相而污染地面水、地下水，导致二次污染。

浸出试验采用规定办法浸出水溶液，然后对浸出液进行分析。我国规定的分析项目有：汞、镉、砷、铬、铅、铜、锌、镍、锑、铍、氟化物、氰化物、硫化物、硝基苯类化合物。

浸出方法如下：

称取 100g（干基）试样（无法称取干基质量的样品则先测水分加以换算），置于浸出容积为 2L（ϕ130mm×160mm）具塞广口聚乙烯瓶中，加水 1L（先用氢氧化钠或盐酸调节 pH 值为 5.8～6.3）。

将瓶子垂直固定在水平往复振荡器上，调节振荡频率为（110±10）次／min，振幅 40mm，在室温下振荡 8h，静置 16h。

通过 0.45μm 滤膜过滤。滤液按各分析项目要求进行保护，于合适条件下贮存备用，每种样品做 2 个平行浸出试验，每瓶浸出液对欲测项目平行测定 2 次，取算术平均值报告结果。对于含水污泥样品，其滤液也必须同时加以分析并报告结果。试验报告中还应包括被测样品的名称、来源、采集时间、样品粒度级配情况、试验过程的异常情况、浸出液的 pH 值、颜色、乳化和分层情况、试验过程的环境温度及其波动范围、条件改变及其原因。

考虑到试样与浸出容器的相容性，在某些情况下，可用类似形状的玻璃瓶代替聚乙烯瓶。例如，测定有机成分宜用硬质玻璃容器，对某些特殊类型的固体废物，由于安全及样品采集等方面的原因，无法严格按照上述条件进行试验时，可根据实际情况适当改变。浸出液分析项目按有关标准的规定及相应的分析方法进行。

6.3　生活垃圾分类及特性分析

6.3.1　生活垃圾分类

城市是人口密集的地方，也是工业、经济和技术集中的地方。由于人口、经济和生活水平的发展，城市垃圾产量迅速增长，成分也日趋庞杂，污染问题已经成为世界性城市环境公害之一。因此，对生活垃圾处理技术的研究是十分现实的问题。城市生活垃圾是指城市日常生活中或者为城市日常生活提供服务的活动中产生的固体废物。它主要包括厨房垃圾、普通垃圾、庭院垃圾、清扫垃圾、商业垃圾、建筑垃圾、危险垃圾（如医院传染病房、放射性治疗系统、核试验室等排放的各种废物）等。生活垃圾的组成很复杂，通常包括：

（1）废品类：废金属、废玻璃、废塑料、废橡皮、废纤维类、废纸类和砖瓦类。

（2）厨房类：饮食废物、蔬菜废物、肉类和肉骨，我国部分城市厨房燃料用煤、煤制品、木炭的燃余物。

（3）灰土类。

各组分所占比例随不同国家、不同地区、不同环境而有较大差异。

6.3.2 生活垃圾的特性分析

常见的生活垃圾处理处置方法有卫生填埋、焚烧、生物堆肥三大类。

6.3.2.1 卫生填埋

这是我国生活垃圾的主要处理方式。填埋的主要监测项目有渗滤液分析和苍蝇密度等。渗滤液是指从生活垃圾中渗出来的水溶液，它可溶出垃圾组成中的物质。测定内容常有色度、总溶解性固体、SO_4^{2-}、NH_4^+、N、Cl^-、TP、pH 值、COD、BOD、细菌总数等。该方法要防止对地下水的污染及沼气爆炸，渗滤液应专门收集排除。

6.3.2.2 焚烧发电

焚烧包括热解和气化，垃圾焚烧处理的重要指标是热值（高位和低位，H_0、H_N），单位 kJ/kg。热值测定采用氧弹计法等，低位热值高于 3000kJ/kg 可用于发电。该方法对设备要求较高，正在逐步推广，垃圾发电可行。

6.3.2.3 生物堆肥

生物堆肥需测定生物降解度（BDM）和堆肥的腐熟程度。BDM 的测定一般采用类似 COD 试验方法来估测。腐熟程度用淀粉量（碘颜色反应）确定。该法是有机废物处理的有效途径，可生产有机肥。对高效降解菌的添加有很好的效果。

采用不同的处理处置方法对应的监测重点项目也不一样。例如：对于焚烧处理，垃圾的热值是决定性参数，而堆肥需测定生物降解度和堆肥的腐熟程度等；对于填埋处理，渗滤液分析和堆场周围的苍蝇密度等是主要的监测项目。

6.3.3 生活垃圾的粒度分级

粒度采用筛分法，将一系列不同筛目的筛子按规格序列由小到大排列，筛分时，每一筛目的筛子连续摇动 15min，依次转到下一号筛子，然后计算每一粒度微粒所占的百分比。如果需要在试样干燥后再称量，则需在 70℃ 的温度下烘干 24h，然后再在干燥器中冷却后筛分。

6.3.4 淀粉的测定

6.3.4.1 原理

垃圾在堆肥处理过程中，需借助淀粉量分析来鉴定堆肥的腐熟程度。其原理是利用垃圾在堆肥过程中形成的淀粉碘化络合物的颜色变化与堆肥降解度的关系。当堆肥降解尚未结束时，淀粉碘化络合物呈蓝色，降解结束即呈黄色。堆肥颜色的变化过程是深蓝→浅蓝→灰→绿→黄。

6.3.4.2 测定步骤

分析检测的步骤是：

（1）将 1g 堆肥置于 100mL 烧杯中，滴入几滴酒精使其湿润，再加 20mL 36% 的高氯酸。

（2）用纹网滤纸（90 号纸）过滤。

（3）加入 20mL 碘反应剂到滤液中并搅动。

（4）将几滴滤液滴到白色板上，观察其颜色变化。

测定过程所需试剂：

（1）碘反应剂：将2g KI溶解到500mL水中，再加入0.08g I_2。

（2）36%的高氯酸。

（3）酒精。

6.3.5　生物降解度的测定

垃圾中含有大量天然的和人工合成的有机物质，有的容易生物降解，有的难以生物降解。目前，通过试验已经寻找出一种可以在室温下对垃圾生物降解做出适当估计的COD试验方法。分析步骤是：

（1）称取0.5g已烘干磨碎试样于500mL锥形瓶中。

（2）准确量取20mL[$C_{1/6}(K_2Cr_2O_7)$ = 2mol/L]重铬酸钾溶液加入试样瓶中并充分混合。

（3）用另一支量筒量取20mL硫酸加到试样瓶中。

（4）在室温下将这一混合物放置12h且不断摇动。

（5）加入大约15mL蒸馏水。

（6）再依次加入10mL磷酸、0.2g氟化钠和30滴指示剂，每加入一种试剂后必须混合。

（7）用标准硫酸亚铁铵溶液滴定，在滴定过程中颜色的变化是棕绿→绿蓝→蓝→绿，在等当量点时出现的是纯绿色。

（8）用同样的方法在不放试样的情况下做空白试验。

（9）如果加入指示剂时易出现绿色，则试验必须重做，必须再加30mL重铬酸钾溶液。

生物降解度的计算：

$$BDM = (V_2 - V_1) \times V \times c \times \frac{1.28}{V_2}$$

式中　BDM——生物降解度；

V_1——试样滴定体积，mL；

V_2——空白试验滴定体积，mL；

V——重铬酸钾的体积，mL；

c——重铬酸钾的浓度；

1.28——折合系数。

6.3.6　热值的测定

由于焚烧是一种可以同时并快速实现垃圾无害化、稳定化、减量化、资源化的处理技术，在工业发达国家，焚烧已经成为城市生活垃圾处理的重要方法，我国也正在加快垃圾焚烧技术的开发研究，以推进生活垃圾的综合利用。

热值是指单位质量的物质在供氧过剩的情况下，按规定条件燃烧所释放出来的热量，计算单位是J/g。热值是废物焚烧处理的重要指标，因燃烧过程中被测物质中水分和燃烧产物中水的状态不同，热值又分高热值（H_0）和低热值（H_N）。垃圾中可燃物燃烧产生的热值为高热值。垃圾中含有的不可燃物质（如水和不可燃惰性物质），在燃烧过程中消耗热量，当燃烧升温时，不可燃惰性物质吸收热量而升温；水吸收热量后汽化，以蒸汽形式挥发。高热值减去不可燃惰性物质吸收的热量和水汽化所吸收的热量，称为低热值。显然，低热值更接近实际情况，在实际工作中意义更大。两者换算公式为：

$$H_N = H_0 \left[(100 - I - W)/(100 - W_L) \right] \times 5.85W$$

式中　H_N——低热值，kJ/kg；

　　　H_0——高热值，kJ/kg；

　　　I——惰性物质含量，%；

　　　W——垃圾的表面湿度，%；

　　　W_L——剩余的和吸湿性的湿度，%。

热值的测定可以用量热计法或热耗法。测定废物热值的主要困难是要了解废物的比热值，因为垃圾组分变化范围大，各种组分比热差异很大，所以测定某一垃圾的比热是一复杂过程，而对组分比较简单的（如含油污泥等）就比较容易测定。

生活垃圾的热值主要由塑料橡胶类、纸张类、纺织物类、木竹类、灰土和瓜果皮厨余类物质及垃圾总体的水分含量决定。其中瓜果皮厨余类物质和灰土虽然也含有可燃物质，但是他们因为水分含量高而会对垃圾热值产生负的贡献。垃圾中的含水率对垃圾热值的影响非常大，随着水分的增大，垃圾净热值线性减小。

6.3.7　生活垃圾渗滤液分析

6.3.7.1　生活垃圾渗滤液的来源及特点

生活垃圾渗滤液是一种高浓度有机废水，由于其水质水量的不稳定性，以及渗滤液中含有大量难降解的萘、菲等非氯化芳香族化合物和氨氮等毒性物质，所以渗滤液的处理非常困难。来源主要有以下几个方面：

（1）垃圾自身含有的水分。

（2）垃圾降解产生的水分。

（3）大气降水。

（4）径流。

垃圾渗滤液受填埋时间、气候条件、来源以及垃圾成分和填埋场设计等多种因素影响，其水质与城市污水相比具有不同的特点。我国生活垃圾渗滤液的典型水质情况见表6-5。

表 6-5　我国生活垃圾渗滤液的水质

城市	上海	杭州	广州	深圳	台湾某市
COD/mg·L^{-1}	1500~8000	1000~5000	1400~5000	5000~80000	4000~37000
BOD/mg·L^{-1}	200~4000	400~2500	400~2000	20000~350000	600~28000
总 N/mg·L^{-1}	100~700	80~800	150~900	400~2600	200~2000
SS/mg·L^{-1}	30~500	60~650	200~600	2000~7000	500~2000
NH$_3$-N/mg·L^{-1}	60~450	160~500	160~500	500~2400	100~1000
pH 值	5~6.5	6~6.5	6.5~7.8	6.2~6.5	5.6~7.5

由表 6-5 可知，垃圾渗滤液具有如下特点：

（1）有机物浓度高：垃圾渗滤液中的 COD 质量浓度为 1000~10000g/L，BOD_5 质量浓度为 200~40000mg/L。

（2）氨氮含量高：氨氮浓度随填埋时间的延长而升高，渗滤液中氨氮的浓度从几百到几千毫克每升，浓度过高影响微生物活性。

（3）微生物营养元素比例失调：垃圾渗滤液中氨氮和有机物含量高，但含 P 量一般较低。

（4）金属含量高，色度高且恶臭，垃圾渗滤液中含有多种金属离子。

（5）垃圾渗滤液水质变化大，一方面其产量随季节性变化，雨季大于旱季。另一方面污染物的组成和浓度随填埋年限的延长而变化。

6.3.7.2 垃圾渗滤液的分析项目

根据实际情况，我国提出了垃圾渗滤液理化分析和细菌学检验方法，检测项目包括：色度、总固体、总溶解性固体与总悬浮性固体、硫酸盐、氨态氮、凯氏氮、氯化物、总磷、pH 值、BOD、COD、钾、钠、细菌总数、总大肠菌数等。其中细菌总数和大肠菌数是我国已有的检测项目，测定方法基本上参照水质测定方法，并根据垃圾渗滤液特点做一些变动。

6.3.7.3 垃圾渗滤液的排放标准及处理方法

目前，我国由于垃圾渗滤液排放所产生的污染已成为环境污染的重要问题之一，为不造成地面水域的污染，不破坏土壤的正常自净过程，不引起地下水质和农作物品质的异常恶化，2008 年开始实施的《生活垃圾填埋厂污染控制标准》（GB 16889—2008）中规定了所有生活垃圾填埋场水污染物排放质量浓度限值，见表 6-6。

表 6-6　现有和新建生活垃圾填埋场水污染物排放质量浓度限值

序号	控制污染物	排放质量浓度限值	污染物排放监控位置
1	色度（稀释倍数）	40	常规污水处理设施排放口
2	化学需氧量（COD_{Cr}）/mg·L^{-1}	100	常规污水处理设施排放口
3	生化需氧量（BOD_5）/mg·L^{-1}	30	常规污水处理设施排放口
4	悬浮物/mg·L^{-1}	30	常规污水处理设施排放口
5	总氮/mg·L^{-1}	40	常规污水处理设施排放口
6	控制污染物氨氮/mg·L^{-1}	25	常规污水处理设施排放口
7	总磷/mg·L^{-1}	3	常规污水处理设施排放口
8	粪大肠菌群数/个·L^{-1}	10000	常规污水处理设施排放口
9	总汞/mg·L^{-1}	0.001	常规污水处理设施排放口
10	总镉/mg·L^{-1}	0.01	常规污水处理设施排放口
11	总铬/mg·L^{-1}	0.1	常规污水处理设施排放口
12	6 价铬/mg·L^{-1}	0.05	常规污水处理设施排放口
13	总砷/mg·L^{-1}	0.1	常规污水处理设施排放口
14	总铅/mg·L^{-1}	0.1	常规污水处理设施排放口

6.4 本章小结

本章介绍固体废物中试样的采集、制备和保存；主要污染物的监测分析方法以及固体废物鉴别标准。应注意了解主要污染物监测的基本原理，熟练掌握监测分析方法。

思考练习题

6-1 固体废物的监测程序包括哪些？

6-2 固体废物的制样程序有哪些？

6-3 如何测定固体废物的样品中的水分？

6-4 如何对采集的固体废弃样品进行运输和保存？

6-5 固体废物的急性毒性如何测定？

参 考 文 献

[1] 任芝军. 固体废物处理处置与资源化技术［M］. 哈尔滨：哈尔滨工业大学出版社，2010.

[2] 解强. 城市固体废弃物能源化利用技术［M］. 北京：化学工业出版社，2018.

[3] 张颖. 农业固体废弃物资源化利用［M］. 北京：化学工业出版社，2005.

[4] 李理. 环境监测［M］. 武汉：武汉理工大学出版社，2018.

[5] 张勇. 固体废物处理与处置技术［M］. 武汉：武汉理工大学出版社，2014.

[6] 蒋建国. 固体废物处置与资源化［M］. 北京：化学工业出版社，2012.

[7] 崔兆杰，谢峰. 固体废物的循环经济［M］. 北京：科学出版社，2005.

[8] 沈华. 固体废物资源化利用与处理处置［M］. 北京：科学出版社，2011.

[9] 娄性义. 固体废物处理与利用［M］. 北京：冶金工业出版社，1996.

[10] 周北海. 工业固体废物［M］. 北京：中国环境科学出版社，1999.

[11] 樊元生，郝吉明. 危险废物管理政策与处理处置技术［M］. 北京：中国环境科学出版社，2006.

[12] 杨金惠，杨连威，等. 危险废物处理技术［M］. 北京：中国环境科学出版社，2006.

[13] 杨慧芬. 固体废物处理技术及工程应用［M］. 北京：机械工业出版社，2004.

[14] 姚庆. 卫生填埋场防渗系统设计与材料选用［J］. 中国建筑防水，2003（1）：13-16.

[15] 李光浩. 环境监测［M］. 化学工业出版社，2012.

[16] 吴帮灿. 环境监测技术［M］. 北京：中国环境科学出版社，1995.

[17] 钱汉卿，许怡珊. 化学工业固体废物资源化技术与应用［M］. 北京：中国石化出版社，2007.

[18] 徐晓军，管锡军，杨依金. 固体废物污染控制与资源化技术［M］. 北京：冶金工业出版社，2007.

[19] 赵由才，宋玉. 生活垃圾处理与资源化技术手册［M］. 北京：冶金工业出版社，2007.

[20] 孙秀云，王连军，李健生，等. 固体废物处置及资源化［M］. 南京：南京大学出版社，2007.

[21] 张益，陶华. 垃圾处理处置技术及工程实例［M］. 北京：化学工业出版社，2002.

[22] 梁蕊，陈冠益，颜蓓蓓，等. 城市生活垃圾智能分选技术研究与应用进展［J］. 中国环境科学，2022（1）：227-238.

[23] 杜欢政，刘飞人. 我国城市生活垃圾分类收集的难点及对策［J］. 新疆师范大学学报（哲学社会科学版），2020，41（1）：134-144.

[24] 李春雨. 我国生活垃圾处理及污染物排放控制现状，中国环保产业，2015.

[25] 中国城市统计年鉴，国家统计局城市社会经济调查司，2020.

[26] 2020 年全国大、中城市固体废物污染环境防治年报，中华人民共和国生态环境部，2020.

[27] 2019 年全国大、中城市固体废物污染环境防治年报，中华人民共和国生态环境部，2019.

[28] 2018 年全国大、中城市固体废物污染环境防治年报，中华人民共和国生态环境部，2018.

[29] 2017 年全国大、中城市固体废物污染环境防治年报，中华人民共和国生态环境部，2017.

[30] 2016 年全国大、中城市固体废物污染环境防治年报，中华人民共和国生态环境部，2016.

[31] 2021 中国生态环境状况公报，中华人民共和国生态环境部，2022.